轻松掌握 3D 打印系列丛书

3D 打印建模·打印·上色实现与技巧——3ds Max 篇

宋 闯 贾 乔 编 著

机械工业出版社

本书共分 5 章，第 1 章为 3D 打印的基础知识，第 2 章为 3D 打印模型建立的不同方式，第 3 章为专业 3D 打印软件 3ds Max 的建模过程精讲，第 4 章为 3D 打印模型打印的相关知识，第 5 章为 3D 打印模型打磨、上色等后期修整的相关知识。本书配有光盘，内容包括 3D 打印模型建模的过程讲解视频（6 个模型，共约 6h），3D 打印机的使用和模型打印过程视频（23min），3D 打印模型的上色等后期修整视频（31min），以及书中实例的建模草图、建模文件和打印模型文件，读者可以参考光盘，直观了解 3D 打印模型的建模过程、模型打印和上色的全过程。

本书适合 3D 打印爱好者使用。

图书在版编目（CIP）数据

3D 打印建模 · 打印 · 上色实现与技巧. 3ds Max 篇/宋闯，贾乔编著.
—北京：机械工业出版社，2015.3（2018.5 重印）
（轻松掌握 3D 打印系列丛书）
ISBN 978-7-111-52726-8

Ⅰ．①3… Ⅱ．①宋… ②贾… Ⅲ．①立体印刷—印刷术—基本知识
Ⅳ．①TS853

中国版本图书馆 CIP 数据核字（2016）第 011989 号

机械工业出版社（北京市百万庄大街 22 号　邮政编码 100037）
策划编辑：周国萍　　　责任编辑：周国萍
责任校对：刘秀芝　　　封面设计：鞠　杨
责任印制：李　洋
三河市国英印务有限公司印刷
2018 年 5 月第 1 版第 3 次印刷
169mm×239mm · 16.75 印张 · 315 千字
4 001—5 000 册
标准书号：ISBN 978-7-111-52726-8
　　　　　　ISBN 978-7-89405-966-6（光盘）
定价：69.00 元（含 1DVD）

前　言

蒸汽机的发明，将人类带入了高速发展的工业时代，飞机、火车、轮船等发明层出不穷，人类上可九天揽月，下可五洋捉鳖。而今天，3D打印技术则被认为是一项改变世界的新技术，一种给人类带来新的福音的革命性发明，已经进入我们的视野。

3D打印是一种不需要传统刀具和机床就能打造出任意形状、根据物体的三维模型数据制成实物模型的技术，将工业制造业的设计、制造、存储、运输、维修等传统流程变成一种创造性的打印工作。对大众来说，3D打印还处于刚刚认识的萌芽期，但是它已经成为制造业中的新兴战略领域。

据预测，3D打印将在2016年前在全球范围内创造31亿美金的产值，到2020年，这个数字将达到52亿美金。

早在2012年8月，美国总统奥巴马拨款3000万美元，在俄亥俄州建立了国家级3D打印工业研究中心，并计划第一步投入5亿美元用于3D打印，以确保美国制造业不继续转移到中国和印度。

在海外3D打印产业链逐渐形成、各巨头攻占全球市场的同时，我国本土公司也频频试水，争夺制造业新生产力的高地。

我国政府对3D打印非常重视，对3D打印的前景非常看好，目标于2017年初步建立3D打印创新体系，培育10家以上产值达到5亿元的3D打印企业。

但是现阶段我们也看到，企业购置3D打印设备的数量非常有限，应用范围狭窄；而在教育教学方面，也缺少对3D打印技术的启蒙和科普教育，机械、材料、信息技术等工程学科的教学课程体系中，缺乏与3D打印相关的必修环节，3D打印停留在部分学生的课外兴趣研究层面，得不到深入研究。

因此，3D打印作为最前沿的科技、最创新的工具，值得我们抓住全球的趋势和浪潮，去投入精力大力研究。在机械工业出版社的统筹安排下，我们希望通过出版有关3D打印基础知识、建模和打印上色的书籍，来为宣传和普及3D打印尽一点微薄之力。

本书第1章为3D打印的基础知识，包括3D打印的定义、特点和一些行业应用案例，让读者对3D打印在各行业的应用有个初步的认识，起到抛砖引玉的作用；书中首次提出3D打印提高"创造性智商"的概念，并结合当下最为流行的创客概念，对 3D 打印的未来提出了一些前瞻的展望，比如 3D 打印分散众包这种新形式。

第 2 章是 3D 打印模型建立的不同方式介绍，让读者了解 3D 打印模型的几种来源，有哪些形式，推荐了一些简单上手的建模软件，使不同行业、不同水平的读者可以根据自身情况进行学习。

第 3 章是专业 3D 打印软件 3ds Max 的建模过程精讲，从玩具摆件、生活类模型、卡通模型、工业设计几个方面的常见案例来进行详尽的建模讲解，让读者不仅可以了解 3D 打印软件建模的详细流程和思路，还可以举一反三，为自己灵活建模打下基础。

第 4 章为 3D 打印模型打印的相关知识，结合了作者在 3D 打印宣传推广过程中的一些经验总结，包括 3D 打印常用材料、3D 打印软件界面和功能、3D 打印模型文件知识，并以常见的 3D 打印机为例，讲解了 3D 模型打印的顺序和全部过程。按照书中的操作，初学者可以掌握全部流程。

第 5 章为 3D 打印模型打磨、上色等后期修整的相关知识，介绍了包括 3D 打印模型拼接、打磨、上色等简便易行的方法和其他后期整理方法，适合对 3D 打印上色等后期修整感兴趣的读者，更适合一些模型爱好者和手工爱好者迅速掌握 3D 打印的后期整理知识。

附录部分：附录 A 收集了国内外部分 3D 打印模型下载网站，读者可以直接下载模型并进行打印；附录 B 收集了国内部分 3D 打印网站和相关论坛，读者可以了解 3D 打印行业相关知识；附录 C 收集了国内部分 3D 打印机厂家，读者可以选择合适的打印机进行学习和研究，如有需求，作者也可以推荐一些性能优良的 3D 打印机供选择。附录 D 列举了打印过程中的故障处理和维护保养知识。

本书配有光盘，包括 3D 打印模型建模的过程讲解视频（6 个模型，共约 6h），3D 打印机的使用和模型打印过程视频（23min），3D 打印模型的上色等后期修整视频（31min），以及书中实例的建模草图、建模文件和打印模型文件，读者可以参考光盘，直观了解 3D 打印模型的建模过程、模型打印和上色的全过程。

本书第 3 章由贾乔负责编写，并进行了视频录制和讲解；其他部分由大连木每三维有限公司宋闯负责编写和视频录制。

本书在成书的过程中，得到了来自各方面的支持和帮助。首先感谢机械工业出版社的信任和指导；感谢大连理工大学谭晓梅给我提供的 3D 打印行业信息，得以克服成书过程中的困难；感谢大连瑞朗科技提供的设备和技术支持，张延全牺牲周末时间进行打印和录制工作；感谢小虎军事模型工作室于寅虎提供的 3D 打印模型后期上色全程讲解和操作。

由于 3D 打印为新兴行业,属于机械、计算机图形设计、材料科学等多学科的综合学科,木每三维打印还仅仅是 3D 打印行业的拓荒者,书中一些 3D 打印的经验和知识若有偏颇和疏漏,还望更多投身 3D 打印的有志之士给予指正。

大连木每三维打印有限公司 宋闯

2015 年 8 月

微信号:dl3dda

目　　录

第 1 章 3D 打印简介

1.1 3D 打印的定义和特点

3D 打印词条一度成为网络上的热门词汇，超过 1000 万条搜索结果，3D 打印行业被美国《时代》周刊列为"美国十大增长最快的工业"，英国《经济学人》杂志则认为"它将与其他数字化生产模式一起推动实现第三次工业革命"。3D 打印作为工业化 4.0 的重要组成部分，除了在工业上用途广泛之外，越来越多的走向民用。3D 打印的话题在媒体上也非常火爆，打印枪支、房屋、人体器官等爆炸性新闻频频刷新着我们的想象力，如图 1-1 所示。

下面我们就来了解，什么是 3D 打印和 3D 打印的特点。

左图：3D 打印枪支

右上图： 3D 打印房屋

右下图： 3D 打印器官

图 1-1　3D 打印枪支、房屋和器官

1.1.1　3D 打印的定义

3D 打印（3D Printing）是快速成型技术（Rapid Prototyping，简称 RP）中的一种，是将 CAD 数据通过成型设备以材料堆积累加的方式制成实物模型的技术。

从原理上简单来说，3D 打印采用分层加工、叠加成型、逐层增加材料的方式来"打印"，这一点与生活中常见的喷墨打印机的工作方法十分类似，3D 打印是打印完一层换另一层，而喷墨打印机是在纸上打印若干的直线形成图像，如图 1-2 所示。

由于 3D 打印的整个流程是打印机通过对计算机中三维软件的识别，进行 STL（三角网格格式，3D 打印机常用的格式）转换，再结合切层软件确定摆放方位和切层路径，并进行切层工作和相关支撑材料的构造，可以直接制作出三维立体模型，也被形象地称为三维打印，在我国的台湾地区还被称为三维列印。

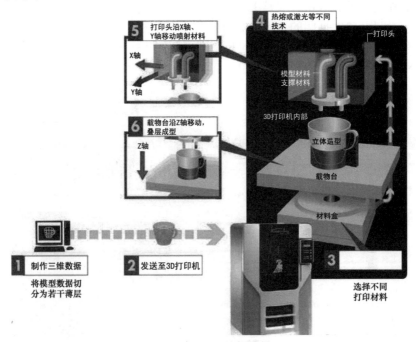

图 1-2　3D 打印原理图

1.1.2　3D 打印的特点

3D 打印又被称为增材制造（区别于传统的减材加工）和积层制造（Additive Manufacturing，AM），是目前最具有生命力的快速成型技术之一，具有以下特点：

1）3D 打印运用可黏合的材料，通过一层层打印方式来构造物体，这一成型过程不再需要传统的刀具、夹具和机床就可以打造出任意形状。3D 打印改变了通过对原材料进行切削、组装进行生产的加工模式，它可以自动、快速、直接和精确地将计算机中的设计转化为模型，实现了随时、随地、按不同需要进行生产制造。

2）与传统的金属制造技术相比，3D 打印技术采用的是增料的加工方式，相对于数控机床的减料加工就避免了对原材料的浪费，制造时产生较少的副产品，随着打印材料的进步，"净成形"制造可能成为更环保的加工方式。同样的一个东西，它的用料只有原来的 1/3～1/2，这就降低了加工材料成本。3D 打印机的制造速度相对较快，比数控机床快了近 3～4 倍，不需要工人值守，节省了人力，尤其是在打印复杂造型的时候，这种优势更加明显。

3）3D 打印技术综合应用了 CAD/CAM 技术、激光技术，光化学以及材料科学等诸多方面的技术和知识，让产品设计、建筑设计、工业设计、医疗用品设计等领域的设计者，第一时间方便、轻松地获得实物模型，便于重新修订 CAD 设计模型，从而有效地缩短产品研发周期、提高产品质量并缩减生产成本。

4）3D 打印能加工制作现有的加工工艺及技术无法实现的结构。很多做三维设计的设计师发现，在设计完图样进入开模具制作阶段时，部分设计结构无法进行模具制作，而对于 3D 打印，只要能画得出三维零件，3D 打印机就能打印实现。另外，现有工艺上，比如有些产品的实心部分，因为工艺及技术所限，不需要实心的部位无法掏空内部。而 3D 打印机就可以通过打印参数设计，实现对这部分结构的空心化处理。有些奇怪的结构，常规工艺需要多零件拼接成型，而 3D 打印机可以一体打印成型。如图 1-3 所示的哨子，打印机可以一次性打印出哨子外壳和内部的球体，里面的球体是活动的。理论上只要是计算机可以设计出来的造型，3D 打印机都可以打印出来，消费者只需下载设计图，就可以在数小时内打印出自己想要的任何东西，满足了人们的个性化需求。

5）3D 打印机打印精度高，除了可以表现出外形曲线上的设计以外，结构以及运动部件也不在话下。如果用来打印机械装配图，齿轮、轴承、拉杆等都可以正常活动，而腔体、沟槽等形态特征位置准确，甚至可以满足装配要求，打印出的实体还可通过打磨、钻孔、电镀等方式进一步加工，如图 1-4 所示。

图 1-3　3D 打印的哨子

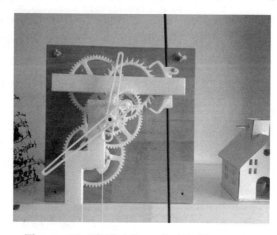

图 1-4　可正常活动的 3D 打印机械运动结构

6）对当今的制造机器而言，在切割或模具成型过程中将多种原材料融合在一起，结合成单一产品是很困难的。随着多材料 3D 打印技术的发展，我们有能力将不同原材料融合在一起。以前无法混合的原料混合后将形成新的材料，这些材料色调种类繁多，具有独特的属性或功能。不限于砂型材料，还有弹性伸缩、高性能复合、熔模铸造等其他材料可供选择。

7）3D 打印的数据文件可以远程传输，就像数字音乐文件一样，可以被无休止的复制，音频质量并不会下降。未来，3D 打印将数字精度扩展到实体世界，我们可以扫描、编辑和复制实体对象，创建精确的副本或优化原件。将数字文件通过网络远程传送的方式传送给世界上的任何一个角落，可以将大型的打印任务以众包的形式分散给各个拥有 3D 打印机的工厂或者个人，打印后再统一组装起来。比如，我国的一个 3D 打印行业网站发起的打印马云头像的众包任务和美国发起的一项全球协作打印富兰克林头像的任务（在 1.4 节 "3D 打印带来的变革" 中，将详细介绍这种众包形式）。

1.2　3D 打印机分类

1.2.1　从技术原理上分类

在 Andreas Gebhardt 关于 3D 打印技术的书籍《Understanding Additive Manufacturing》中，列举了很多种 3D 打印技术，其中以熔融沉积成型技术、激光立体印刷术、数字化光照加工技术、选择性激光烧结技术、三维打印技术较为常用。

1. 以高分子聚合反应为基本原理

（1）激光立体印刷术（Stereolithography）　简称 SLA，国外公司以 Objet

（已和 Stratasys 合并）和 Formlabs 为代表，所用材料为光敏树脂，技术非常灵活，适用于精度要求高的领域，成品有非常好的表面质量，如图 1-5 所示。

图 1-5　SLA 3D 打印机和打印成品

（2）数字化光照加工技术（Digital Lighting Processing）　简称 DLP，和 SLA 相似，打印速度比 SLA 快，所用材料也为光敏树脂，打印精度高。在珠宝首饰、牙科、动漫方面应用较多，如图 1-6 所示。

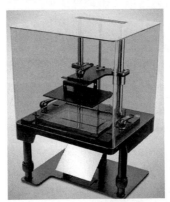

图 1-6　DLP 3D 打印机

利用高分子聚合反应为原理的打印机还有几种，比如利用高分子打印技术（Polymer Printing）、高分子喷射技术（Polymer Jetting 或 PolyJet）和微型立体印刷术（Micro Stereolithography）的打印机。

2. 以烧结和熔化为基本原理

（1）选择性激光烧结技术（Selective Laser Sintering）　简称 SLS，国外以 3D 打印行业龙头 3D System 公司和德国 EOS 公司为代表，国内以华曙高科为代表。工业上较为常用，可以烧结尼龙粉末、金属粉末、树脂沙、尼龙+矿纤、尼龙+玻纤等材料，广泛应用在电动工具、电器开关、家电产品、风机叶轮、汽车零件、无人机、医疗器械等领域。图 1-7 为国产 SLS 3D 打印机。

图 1-7　国产 SLS 3D 打印机

（2）选择性激光熔化技术（Selective Laser Melting）　简称 SLM，是采用中小功率激光快速完全熔化选区内金属粉末，快速冷却凝固的技术。由 SLS 演化而来，但区别是 SLM 在加工过程中金属粉末完全熔化，经散热冷却后可实现与固体金属冶金焊合成型，因此成品具有密度更高的优势。

（3）电子束熔化技术（Electron Beam Melting）　简称 EBM，利用电子束快速扫描成型的熔融区，用金属丝按电子束扫描线步进放置在熔融区上，电子束熔融金属丝形成熔融金属沉积，在惰性气体隔绝保护下或真空状态下，电子束可以处理铝合金、钛合金、镍基高温合金等。20 世纪 90 年代美国麻省理工和普惠联合研发了这一技术，并利用它加工出大型涡轮盘件。电子束熔化成型形成零件精度有限，能获得比精密铸造更精确的零件胚形，可以减少 70%～80% 机械加工的工时及成本。

3．以粉末–黏合剂为基本原理

（1）熔融沉积成型技术（Fused Deposition Modeling）　简称 FDM，著名代表有 Reprap 开源项目、MakerBot 和 Stratasys 公司，我国 3D 打印机市场上的家用机器大部分以 FDM 为主，很多都是从 Reprap 开源项目拓展而来，如图 1-8 所示。材料以 ABS、PLA 为主。FDM 3D 打印机以其较低的成本以及日渐提高的打印质量颇受消费者欢迎。本书也以国产 FDM 3D 打印机为例详细讲解建模、打印的全过程。

图 1-8　FDM 3D 打印机

（2）三维打印技术（Three Dimensional Printing）　简称 3DP，代表企业 Zcorp（已被 3D Systems 收购）和 Voxeljet 公司所用原料为石膏粉，可以打印全彩模型。

4. 层压制造技术

层压制造技术（Layer Laminate Manufacturing，LLM）又被称为分层实体制造（LOM），常用材料是纸、金属箔、塑料膜、陶瓷膜等，激光切割系统按照计算机提取的横截面轮廓线数据，将背面涂有热熔胶的纸用激光切割出工件的内外轮廓。切割完一层后，送料机构将新的一层纸叠加上去，利用热黏压装置将已切割层黏合在一起，然后再进行切割，这样一层层地切割、黏合，最终成为三维工件。此方法除了可以制造模具、模型外，还可以直接制造结构件或功能件。

5. 气溶胶打印技术

气溶胶打印技术是（Aerosol Printing）近年来新出现的一种打印技术，通过将形成的气溶胶喷射至基底表面而成膜，打印分辨率好、适用范围广。它利用空气动力学原理实现了纳米级材料的精确沉积成型，能制作精细的功能电路和嵌入式组件而无须使用掩模或其他模具，可以有效减少电子系统的整体尺寸。这种技术可以制造线宽和电路结构达到 10 微米级的功能性电子芯片。

6. 生物绘图技术（Bioplotter）

可采用多种生物材料的快速成型打印机，实现从三维 CAD 模型和患者的 CT 扫描数据到实体的 3D 生物支架转变，其制作的生物支架具有符合设计要求的外在形式和开放的内在结构。适合在生物材料要求的无菌环境下进行生物组织制造，例如使用海藻悬浮细胞打印生物支架。制作生物支架所运用的材料范围最广，从聚合物熔体、软凝胶到硬陶瓷、金属都有。

（1）骨骼再生　羟磷灰石（Hydroxyapatite）、钛　（Titanium）、磷酸三钙碳（Tricalcium Phosphate）。

（2）药物控释　聚己酸内酯（PCL）、聚乳酸（PLLA）和乳酸-羟基乙酸共聚物（PLGA）。

（3）软组织生物结构/器官打印　琼脂（Agar）、聚氨基葡萄糖（Chitosan）、藻朊酸盐（Alginate）、白明胶（Gelatine）、骨胶原（Collagen）和纤维素（Fibrin）。

（4）概念模型　聚氨基甲酸乙酯（Polyurethane）、硅酮（Silicone）。

1.2.2　从打印精度和适用范围分类

从打印质量精度和适用范围上来看，可以分为桌面级和工业级 3D 打印机。

1. 精度

现阶段桌面级 3D 打印机的精度大约在 0.1mm 左右，打印出来的产品会有很明显的分层感，工业级打印机的精度则可以精确到几微米，如图 1-9 所示。

图 1-9　工业级 3D 打印机

2. 适应材料

对于工业级的 3D 打印机来说，目前可以用于打印的材料已经较为丰富，比如塑料、金属、玻璃，甚至可以打印类似木材的材料。图 1-10 为工业级 3D 打印机打印的金属件。

图 1-10　工业级 3D 打印机打印的金属件

而对于桌面级的产品来说，目前能使用的材料还仅限于 ABS、PLA、HIPS 等塑料材质，这也限制了桌面级 3D 打印机的适用范围。

3. 价格

从价格上看，目前大多数桌面级 3D 打印机的售价在几千到上万元人民币，工业级 3D 打印机的价格从几十万到几百万不等，价格因素无疑是目前 3D 打印机普及的最大障碍。

此外，从应用行业上来说，有为特定行业服务的陶瓷打印机、巧克力打印机、服装打印机等。

1.3　3D 打印应用行业

3D 打印机应用范围之广是我们无法想象的，可以用于珠宝、鞋类、工业设计、建筑、汽车、航空航天、牙科和医疗产业、教育和地理信息系统，甚至食品等很多领域。从理论上来说，只要是能够在计算机上绘制成型的产品，都可以通过 3D 打印机将之付诸实现。下面通过 3D 打印机在各行业打印的那些美妙绝伦的产品，来畅想一下 3D 打印所创造的未来。

1.3.1　汽车制造业

3D 打印适用于汽车设计制造的原型制造和模具开发等环节。现阶段，3D 打印技术在汽车行业的应用主要在下面三个方面。

1）提高产品设计的速度和性能，包括用于功能性测试的样件生产，以及生产过程中应用模具的开发制造。

2）在维修环节的零部件直接制造。

3）个性化和概念汽车部件的直接制造。

例如摩根汽车（Morgan Motor），这家英国手工汽车品牌，106 年以来一直坚持用手工为用户打造高端汽车。这种高度定制化，唯有 3D 打印技术与之更加贴合。在 2015 年 5 月开幕的伦敦 3D 打印展上，现场展示了 3D 打印机制造的摩根公司的限量版汽车"Special Project 1"（简称 SP1），如图 1-11 所示。3D 打印公司 Stratasys 公司的代表介绍："摩根公司在车内使用了很多直接 3D 打印的定制部件，包括内饰、后视镜、格栅、标志等。"摩根公司除使用 3D 打印技术为 SP1 和其他定制车型 3D 打印部件外，工程师用来手工制造汽车部件的制造工具，大部分也由 3D 打印而成。可以看出，汽车制造商已经充分认识到 3D 打印技术在高端定制的细分市场中所起的重要性。

图 1-11　3D 打印机制造的摩根公司汽车"Special Project 1"

1.3.2　考古与古生物学

众所周知，很多文物非常的珍贵，不可能经常搬动，3D 打印技术则可以复制这些文物，比如陶瓷器、青铜器等。博物馆里常常会用很多替代品来保护原始作品不受环境改变或意外事件的损害，复制品也能将艺术品或文物的影响传播到更多更远的地方。

在历次战乱中，大量的中国文物去了国外，尤其是佛教的造像遭到损坏，通过 3D 打印技术，则可以对国内外博物馆里的两部分分别进行 3D 扫描，通过计算机技术拼接成一整个佛教造像，再 3D 打印出来，形成完整的形状，还原历史的原貌。

日本的寺院已经采用 3D 打印来复制佛像。例如，日本岛根县江津市有一尊身高 90cm 的阿弥陀如来根本陀罗尼像，佛像塑造于镰仓时代，寺院的住持知道了 3D 打印复制技术后，决定给珍贵的原版做个复制品。除了不怕贼惦记以外，3D 打印的佛像也不再害怕火灾和虫蛀，如图 1-12 所示。

图 1-12　日本寺院采用 3D 打印技术保护佛像

对文物实现 3D 打印复制可对文物实现保护的同时，也产生了另一个新的问题，就是如何对打印的文物赝品进行鉴别。

在古生物学领域，可以通过 3D 打印来复制整个古生物的骨架和造型，让研究人员更立体地进行研究。美国德雷塞尔大学的研究人员通过对化石进行 3D 扫描，利用 3D 打印技术做出了适合研究的 3D 模型，不但保留了原化石所有的外在特征，同时还做了比例缩减，更适合研究。

1.3.3　建筑行业

如果不是建筑学专业的人，恐怕没有几个人能够在看建筑图样的时候就在头脑中构想出建筑物的 3D 形状。而通过手工制作建筑模型则成本很高。通过 3D 打印技术却很容易在短时间内打印出一个建筑模型。即使客户有修改意见，同样可以短时间内就修改完成模型，提高设计阶段的效率。在国内外的建筑行业甚至地理地貌研究中，已经有不少设计师、工程师通过 3D 打印机打印建筑模型和沙盘模型，不仅成本更为低廉，而且更接近设计师的原始构思，提高了工作效率，节省了大量的建筑原材料，如图 1-13 所示。

图 1-13　3D 打印技术打印建筑模型

1.3.4　医学和生物科学

3D 打印在医学上的应用很多，特别是修复性医学领域里，个性化需求十分明显。医疗领域用于治疗个体的产品，基本上都是定制化的，不存在标准的量化生产。而 3D 打印技术的引入，降低了定制化生产的成本。

其主要应用有：

1）修复性医学中的人体移植器官制造，如假牙、骨骼、肢体等。

2）辅助治疗中使用的医疗装置，如齿形矫正器和助听器等。

3）手术和其他治疗过程中使用的辅助装置。

有时，外科医生对一些复杂的手术往往只能通过 CT、核磁共振等医学影像学资料进行可能的判断，进而进行手术，但是有的时候复杂程度远远超出想象，手术成功率低。3D 打印技术可以利用已有的医学影像资料，先打印一个 3D 的模型出来，通过在模型上进行模拟，进而确定可行的手术方案。

目前，国内口腔界已能利用 3D 打印技术打印出义齿基托，重建树脂的颌骨以及牙齿。图 1-14 为 3D 打印牙齿模型。

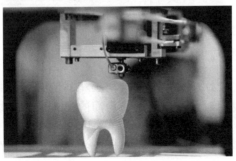

图 1-14　3D 打印牙齿模型

而大家寄予厚望的可移植器官的 3D 打印，有赖于生物材料、干细胞、组织培养等多学科的科技突破。有的技术是先用生物材料打出"骨架"，然后在它上面进行干细胞培养，诱导形成组织；有的技术则设想直接打印生成器官；更大胆的想法，是用打印机直接在人体上打印，省去了植入的过程。当然，暂时还有材料、生物活性等各方面的限制亟待解决。

1.3.5　航空航天领域

3D 打印技术在航空航天领域的主要应用包括：

1）无人飞行器的结构件加工。

2）生产一些特殊的加工、组装工具。

3）涡轮叶片、挡风窗体框架、旋流器等零部件的加工。

波音（Boeing）公司是率先将 3D 打印技术应用于飞机设计和制造领域的国际航空制造公司。通用电气（GE）公司前期收购了 MorriesTechnologies 等 3D 打印公司，从 2016 年起，生产第一个增材组件——燃油喷嘴。西门子（Siemens）公司从 2014 年 1 月起在发电和维修部门运用三维打印生产备件和汽油涡轮。

美国航空航天局（NASA）甚至发射 3D 打印机到国际空间站，进行工具和零件的打印，如图 1-15 所示。

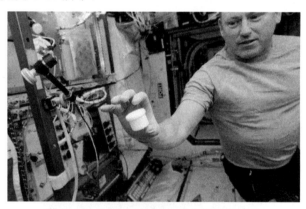

图 1-15　宇航员利用 3D 打印机打印零件

1.3.6　娱乐艺术领域

3D 打印机还可根据电子游戏、三维动画和其他的三维数据轻松制作雕像和角色。在电影中，我们看到过很多演员扮演的类人形的怪物，传统上好莱坞这样的制片基地，都是通过手工技术来进行这些特殊的造型，现如今已经都是 3D 打印模型的天下，很方便就能打印出个性化的怪物头套和全身装备，效果可以乱真。3D 打印巨头 Stratasys 与 Legacy Effects 的工程师、技术人员合作制作出几十个 3D 打印部件，并将这些部件组装成 14in⊖高的巨兽。Legacy Effects 公司曾为《钢铁侠》《阿凡达》《环太平洋》《机械战警》等影片 3D 打印制作过多个银幕角色。图 1-16 所示为特效公司采用 3D 打印机打印的钢铁侠。

图 1-16 特效公司采用 3D 打印机打印的钢铁侠

在艺术设计领域，国内的艺术类院校已经开始用 3D 打印机和 3D 打印笔来进行服装、饰品等艺术品的设计和艺术创造，雕塑、工业设计等专业用 3D 打印机来设计雕塑和工业产品。结合三维软件的优势和超前的艺术设计理念，使艺术类高校师生使用 3D 打印机设计和创作更是得心应手。编者就曾为大连工业大学服装学院 3D 打印制作了东北首个服装人台，如图 1-17 所示。大连工业大学很多服装设计和首饰专业的学生也选用 3D 打印机来制作服装上的首饰和配饰，如图 1-18 所示。

图 1-17 大连工业大学 3D 打印服装人台

⊖ 1in=0.0254m。

图 1-18 3D 打印首饰和配饰

1.3.7 食品行业

尽管 3D 打印机短期内还无法普及到千家万户，但是一个特别有吸引力的功能，便是食物打印。只要准备合适的面粉、糖类等食物原料，就可以打印出糖果、巧克力、意大利面，甚至是饺子，不需要复杂的烘焙或技巧。图 1-19 为 3D 打印机打印的糖果。

图 1-19 3D 打印机打印的糖果

食物 3D 打印机配合传统计算机所用的 CAD 设计软件，懂得把什么材料放在什么位置，逐行逐层那样铺上去，还可以通过计算机和云数据来调节人所需要的营养。使用食物打印机制作食物可以大幅缩减从原材料到成品的环节，从而避免食物加工、运输、包装等环节的不利影响。厨师还可借助食物打印机发挥创造力，研制个性菜品，满足挑剔食客的口味需求。

食物 3D 打印机的普及成功，势必大大改变人类的生活面貌。这并非科幻小说里的内容，荷兰 2012 年就研制出打印各种造型食物的食品打印机。西班牙 NaturalMachines 发明了一款名为"Foodini"的 3D 食物打印机。全球知名的意大利面制造商百味来（Barilla）计划在未来几年内在餐厅里推出 3D 打印食物。美国军方和宇航局都推出自己的食品 3D 打印机。我国已经研制出可以打印巧克力的 3D 打印机，如图 1-20 所示。

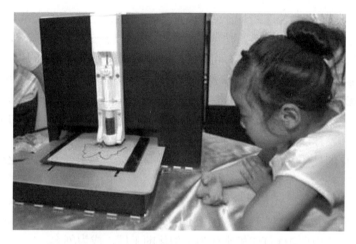

图 1-20　我国研制的巧克力 3D 打印机

1.4　3D 打印未来所带来的变革

1.4.1　3D 打印与创造性智商

我们都知道情感智商（情商）、财富智商（财商），编者根据 3D 打印技术的发展，提出一种和创造力有关的智商——"创造性智商"（创商）。

因为 3D 打印最让人兴奋的地方就是它打破了想象与打印出来的真实物体之间的障碍。你只要敢想，大胆创意，把物体设计出来，然后轻轻按一下 3D 打印机的按键，想法就会真切地出现在你面前。实现这个天方夜谭最关键的不是机器，而是头脑中的创意，和 3D 打印密不可分的就是这种创造性智商。有了 3D 打印机对创造性智商的培养和拓展，可天马行空地拓展我们的思维，使来自不同行业的许许多多的创新者利用 3D 打印机而引爆更多的创新项目。这种创造力革命所带来的影响不仅仅限于工业制作的革命层面，它甚至会引发一个智慧爆炸的时代。

对于家庭用户来说，使用 3D 打印机前最重要的问题就是拿 3D 打印机来制作什么和如何制作，在打印一个物品之前，人们必须先懂得 3D 建模，再进行打印。而建模就是一个创新和创造的过程，大家要形成创造性思维和运用 3D 建模软件设计的习惯，也就是创造性智商的发挥和培养，大胆想和大胆做。对整个国家发展来说，摆脱山寨和千篇一律的模仿，普及推广 3D 打印是推动整个民族创造性智商和创意能力的重要举措。

1.4.2　3D 打印创业与创客

"创客"一词源自《连线》前总编克里斯·安德森创造的英文单词"Maker"，是指那些出于兴趣爱好，把各种创意转变为现实产品的人。随着 3D 打印技术的逐步推广，这意味着人人都有可能成为创客，都可以将自己的理念转化成现实，创业也将非常容易，每一个通过 3D 打印开发的新项目都可以创出新业。

借助 3D 打印技术，3D 打印的"制造+服务"模式会改变人类现有的生活方式。因为人们已经厌倦了千篇一律的同质化的物品和服务，追求更高层次的个性化、定制化。新媒体、社交网络满足了人类在精神层面的个性化需求，而 3D 打印正是实现物质个性化的最佳解决方案。3D 打印技术实际上是一种介于第二产业和第三产业之间的"2.5 产业"，能够在产品的制造环节融入服务的功能，使工业产品高度定制化、个性化。未来的模式是"你想要什么，就有人为你定制来生产什么，你再买什么"，私人订制的需求会越来越旺盛。3D 打印技术，正是进行私人订制的利器，越来越多的家庭会应用 3D 打印机来成为小型化的工厂，成为创客。

因此，3D 打印带来的开放式设计、定制化生产和分布式生产皆可以相对合理的成本实现。3D 打印将由此引发真正意义上的制造业革命，产业组织形态和供应链模式都将被重新构建，带来无穷的创新空间。

比如国外的创客团队用众包的模式，按 1:1 的比例 3D 打印当地 Walters 艺术博物馆的优秀艺术作品。如对原作富兰克林头像进行 3D 扫描并建模之后，把该模型分割成许多个部分，由全世界的志愿者认领并用自己的 3D 打印机打印出来，然后再集中拼到一起，如图 1-21 所示。

图 1-21　众包 3D 打印富兰克林头像

　　我国的 3D 打印行业网站也采取众包的形式,组织全国 100 多位 3D 打印企业和个人打印"马云",所涉及的 3D 打印技术包括 FDM、SLA、DLP、3DP、SLS 和 SLM,材料涉及塑料、尼龙、树脂和金属等。全国各地的网友,把自己打印好的马云任务快递到北京,由组织者集中拼装成为一个完整的马云。图 1-22 为众包的 3D 打印马云头像。

图 1-22　众包 3D 打印马云头像

　　马云用互联网改变了人们的购物方式,现在大多数人都会到网上进行购物,都会逛天猫、淘宝、京东这些电商平台。然而,3D 打印时代的到来,特别是工业 4.0 时代的到来,可能会使得人们获取商品的方式产生变化。国内已经有让创意者、厂家消费者直接沟通的 CBC 平台,也就是 3D 打印创意界的"淘宝",消费者在商城里购买到好的设计点子或相关的 3D 产品数据,可以在平台商下单,经过 3D 打印制作、验证、运作等流程,转化成汽车、航空、医学、电子电器、日用品等实体产品。

第 2 章　3D 打印建模方式

3D 打印可以随心所欲，无限可能地发挥人的创造性智商，最关键的一步要学会用不同方式建立模型文件，让建好的数据模型通过 3D 打印机打印出来，最终成为现实。因此，本章将介绍不同的建模方式，常见的有照片建模、扫描建模、软件建模和网页在线建模几种。

2.1　照片建模

照片建模的优点是成本低、时间短、可批量自动化制作、模型较精准。利用照片建模的软件有很多，如 my3Dscanner、insight3D、3Defy、国产的 3Dcloud 等，这些软件都可以让用户无须建模即可直接从照片制作三维模型。

Creative Dimension 3DSOM 处理效果也极佳，可以申请 14 天免费试用版，下载地址 http://www.3dsom.com/download。

俄罗斯的软件 Agisoft 有 30 天全功能试用，感兴趣的读者可以去 http://www. agisoft.ru/products/photoscan/professional/demo/下载软件安装，然后单击右边的 Request 30-day trial 获得 30 天试用码，找到 Agisoft Professional edition，就是用来合成模型的。

2.1.1　照片建模软件 Autodesk 123D Catch

照片建模最常用的是 Autodesk 公司的 Autodesk 123D，它拥有 3 款工具，其中包含 Autodesk 123D、Autodesk 123D Catch 和 Autodesk 123D Make。Autodesk 123D Catch 利用云计算的强大能力，可将数码照片迅速转换为逼真的三维模型。使用傻瓜相机、手机或高级数码单反相机拍摄物体、人物或场景，人人都能利用 Autodesk 123D 将照片转换成生动鲜活的三维模型。基本使用步骤如下：

1）利用相机对物体或者人像多个角度进行拍摄，如图 2-1 所示。

2）从网址 http://123dapp.com/catch 下载 Autodesk 123D Catch 软件，安装后打开。单击对话框左边的第三个 Create an Empty Project（创建空的项目），如图 2-2 所示。

图 2-1　多角度拍摄多张照片

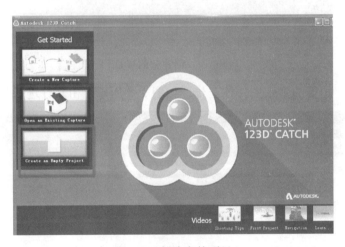

图 2-2　创建空的项目

3）在打开的对话框里，单击右上角的 Sign in，进行账号申请并登录，如图 2-3 所示。

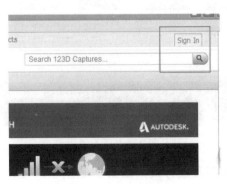

图 2-3　注册和登录

4）登录成功后，重新打开软件，单击对话框的第一个选项 Create a New Capture（创建新的项目），如图 2-4 所示。

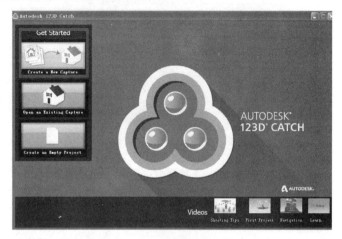

图 2-4　创建新的项目

5）导入拍摄的多张图片并上传，如图 2-5 所示，由软件进行云计算。

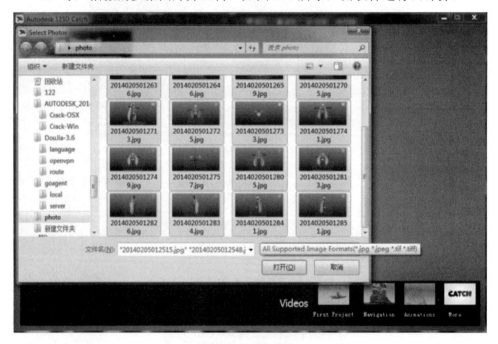

图 2-5　导入图片

6）选择生成的模型收取方式，如图 2-6 所示，可选择 Wait（等待）或者 Email Me（通过邮箱）。

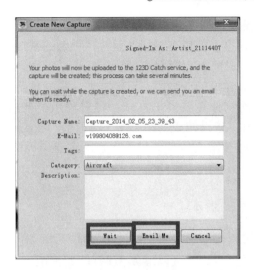

图 2-6　选择生成的模型收取方式

7）生成的模型文件经过 Netfabb 软件或者 MeshLab 修复错误后，就可以供 3D 打印机打印使用了，如图 2-7 所示。

图 2-7　完成模型

2.1.2　使用照片建模软件的注意事项

使用照片建模软件进行建模，可以应用以下的经验：

1）尽量使用单反相机来拍摄图片，单反相机像素高，且图片清晰。

2）尽量在光线允许的情况下用小光圈来拍摄，因为使用大光圈拍摄的景深太浅，容易使图片模糊，造成建模效果不好。

3）尽量在不同角度和高度多拍摄些照片，拍照的密度越高（每次拍照的角度变换越小），最后生成的 3D 模型也会越精细。

4）为了提高云端建模的成功率，拍摄时一定要注意角度的过渡要圆滑，尤其是几何形状丰富的物体更要多拍几张，尽量利用一些摄影技巧避让其他物体，让主体更加突出，建模的成功率会大大提升。

5）在安装照片建模英文软件的过程中，一定要用英文和数字的路径安装，如果用中文的文件夹安装则会造成软件无法使用。

2.1.3 照片建模手机版本

还有的照片建模软件推出了基于智能手机的版本，让用户使用更便捷，使用手机或平板电脑拍摄照片就可以形成 3D 打印的模型。

Autodesk 公司一直以来在 3D 打印建模、个性化定制 3D 模型上占有地位，对于近年来移动端的争夺也投入了很大气力。推出了安卓版和 iPad 版的移动端照片建模软件 Autodesk 123D Catch，配合 Autodesk 公司的其他建模软件，如 123D Creature、123D Sculpt、Tinkerplay，使定制一个栩栩如生的形象变得非常容易。读者可以在 APP STORE 或者安卓应用下载这些应用程序。

Smoothie 3D 的 APP 是基于网络的，而且 100%免费。这款 3D 建模软件非常的简单易用，它主要使用用户从一张照片上勾勒出来的部分作为基础数据生成 3D 模型，并使其与背景分离。这种直观的方式给人的感觉更像描摹，如图 2-8 所示。

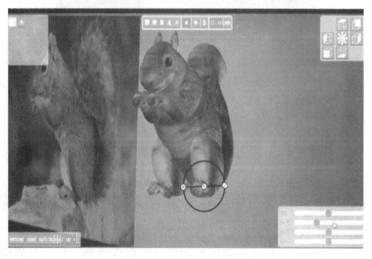

图 2-8　Smoothie 3D 界面

美国 3D Systems 公司研发团队推出兼容智能手机与平板电脑的全新 APP "Cubify Draw"，用户在 APP Store 上能搜寻 Cubify Draw 下载并安装，只用简单的几笔就可以画出一个基本轮廓，软件会生成一个三维模型。

海尔也推出了自己的 3D 打印手机 APP，用户下载并安装该款手机应用后，可以随时随地将照片制作成个性化的 3D 人像，还可以选择各种自己喜欢的形象、发型、眼镜，调整喜怒哀乐的表情，更可以直接下单打印定制。

2.2　扫描建模

通过 3D 扫描仪可以非常快捷方便地建立三维模型，也就是把实物通过三维扫描的办法，形成数字化的 3D 模型。试想下，扫描实物，得到数据文件，通过数据文件打印出实物模型，将数据文件远程传输到世界各地。互联网实现了数据的传输，而 3D 打印实现了实物的复制，如图 2-9 所示。

图 2-9　模型数据和实物的无限复制

2.2.1　3D 扫描仪

3D 扫描仪又被称为立体扫描仪、三维扫描仪等。3D 扫描仪的用途是创建物体几何表面的点云，这些点云可用来插补成物体的表面形状，点云越密集，创建的模型越精确。3D 扫描仪按工作原理可以分为激光 3D 扫描仪、光学 3D 扫描仪和机械式 3D 扫描仪。一般扫描大的场景（例如一个大房间）就要用激光扫描。如果要扫描一个牙齿、一个轴承，现在用得最多的就是光栅式的三维扫描方式，这种方式精度要高很多，可用于航天与医疗行业。

常见的 3D 扫描仪有两种，一种是接触式的，一种是非接触式的。目前非接触式的光栅 3D 扫描仪是市场上的重点产品，特点是速度快，精度高，可扫描的物体体积大，如图 2-10 所示。

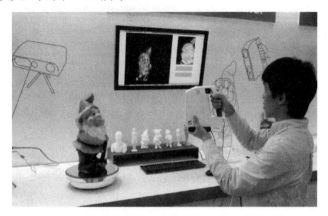

图 2-10　手持 3D 扫描仪

3D 打印厂家也开发出了小巧的 3D 扫描仪，如图 2-11 所示。配合自己生产的 3D 打印机使用，这样 3D 打印机就具备了扫描复制、数据传输和打印的功能，和传统的平面打印机带有的复印功能极为相似。

图 2-11　小巧的 3D 扫描仪

2.2.2　其他 3D 扫描方法

此外，你也可以自己动手，利用 3D 成像装置，例如微软 Kinect 中的摄像头，自制这样的扫描仪，配合 ReconstructMe 软件使用。

还有厂家已经开发出了将手机变成扫描仪的应用，比如 Trimensional，这是一个 iPhone 手机的 APP，可以将扫描的 3D 脸部造型直接输出为 STL、OBJ

等常用的打印格式，方便 3D 打印机直接制作。

微软的 3D 物体重构和识别研究团队推出了一项技术，可让任何人用普通照相机或平板电脑或智能手机来扫描 3D 物体，如图 2-12 所示。

图 2-12 手机 3D 扫描应用

可以预见，未来更多的手机软件和硬件使扫描建模变得非常容易，让更多人应用 3D 打印来创作。

2.3 软件建模

2.3.1 三维建模专业软件

3D 打印建模软件，主要分为 CAD 软件和 CG 软件两种。CAD 主要用于将严格标有尺寸的图像进行 3D 化，主要针对需要参数化建模设计的机械零件一类的应用，一般的三维 CAD 软件都能胜任，在校学生学 UG 和 AutoCAD 这两种软件比较多，也有很多人使用 Solid Works，另外 Pro/E、CATIA 等都是功能非常强大的软件。

Rhino（犀牛）也是功能强大的专业 3D 造型软件，它可以广泛地应用于三维动画制作、工业制造、科学研究以及机械设计等领域。

而 CG 软件主要指对素描等手绘图案进行立体化的软件，如 3ds Max、Maya、Zbrush 等。艺术类院校师生和游戏动漫产业使用较多，应用范围较广。本书在第 3 章中将以 3ds Max 专业建模软件为例，详细介绍 3D 打印建模过程。

2.3.2 免费开源的 3D 模型设计软件

除了以上专业的建模软件，还有很多简单、容易上手且免费开源的 3D 建模软件，下面列举出来供深入研究软件的爱好者参考。

（1）Blender　Blender 是最受欢迎的免费开源 3D 模型制作软件套装。它功能非常强大，一开始学比较难；但是一旦学会了，用起来非常方便。

（2）OpenSCAD　OpenSCAD 是一款基于命令行的 3D 建模软件，特长是制作实心 3D 模型。支持跨平台操作系统，包括 Linux、Mac 和 Windows。

（3）Art of Illusion　Art of Illusion 是免费、开源的 3D 模型和渲染软件。亮点包括细分曲面模型工具、骨骼动画和图形语言。Art of Illusion 是在 Reprap 开源社区使用最广泛的 3D 模型软件。

（4）FreeCAD　FreeCAD 是来自法国 Matra Datavision 公司的开源免费 3D CAD 软件，是一个功能化、参数化的建模工具。FreeCAD 的直接用户是机械工程、产品设计人员，当然也适合工程行业内的其他广大用户，比如建筑或者其他特殊工程行业。

（5）Wings 3D　Wings 3D 适合创建细分曲面模型。它容易学习，功能强大。

（6）BRL-CAD　BRL-CAD 是一款强大的跨平台开源实体几何（CSG）构造和实体模型计算机辅助设计（CAD）系统。

（7）SketchUp　SketchUp 是谷歌（Google）的一个免费交互式的 3D 模型程序，不仅适合高级用户，也适合初学者。它上手非常容易，但是缺少一些高级功能。

（8）MeshMixer　MeshMixer 是一个 3D 模型工具，也是 Autodesk 公司的产品。它能够通过混合现有的网格来创建 3D 模型，支持 Windows 和 Mac OS X 系统，可以简单直接地制作一些类似"牛头马面"的疯狂混合 3D 模型。

（9）MeshLab　MeshLab 是 3D 发展和数据处理领域非常著名的软件，是一个网格处理系统。它可以帮助用户处理在 3D 扫描捕捉时产生的典型无特定结构的模型，还为用户提供了一系列工具编辑、清洗、筛选和渲染大型结构的三维三角网格（典型三维扫描网格）。

（10）Sculptris　Sculptris 是款 3D 雕刻软件，小巧却功能强大。用户可以像玩橡皮泥一样，通过拉、捏、推、扭等方式来形成模型。

（11）K-3D　K-3D 是一个免费自由开放的三维建模、动画和渲染工具。它可以创建和编辑 3D 几何图形（多个实时 OpenGL 实体、阴影、纹理映射视图）；无限制地撤销还原与重做；有很高的可扩展性，能通过第三方的插件增强功能。

（12）MakeHuman　MakeHuman 是一款专门针对人物制作、人体建模的 3D 软件。这款软件的亮点是可以让用户设计身体和面部细节，保持肌肉运动的逼真度。

（13）Blokify　Blokify 是一款简单的 3D 建模应用程序，适用于 iOS 系统。任何人，包括儿童，都能轻松定制和 3D 打印想象中的模型。如果孩子们喜欢乐高玩具，喜欢搭积木，Blokify 比较适合。大家也可以在 APP Store 上搜索并下载。图 2-13 为 Blokify 软件界面。

（14）3D Builder　微软针对 Windows 8.1 推出 3D 打印应用程序 3D Builder，它自带一系列模型对象，可供创建饰品、玩具和其他各类物体；其用户界面干净、简洁，供用户缩放、旋转和调整打印效果。3D Builder 程序可从 Windows Store 下载，链接为 http://windows.microsoft.com/en-us/windows-8/apps。

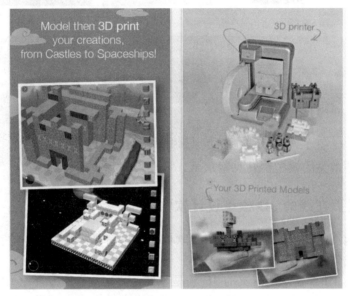

图 2-13　Blokify 软件界面

2.4　模型下载和网页在线建模

2.4.1　模型下载

学好一种建模软件是需要花费时间和精力的，如果 3D 打印机使用者没有时间来学习复杂的建模方式，也可以直接从国内外的网站上直接付费或者免费下载。以 Maker Bot 公司的 3D 打印模型分享网站为例，打开链接 http://www.thingiverse.com/，在"Enter a search term"栏目里输入想要的模型，比如想搜索和小狗相关的模型和用具，就可以输入英文"DOG"，结果出现上千种和小狗相关的模型，可以单击图片进去，有模型效果图预览和详细信息，看是否是自己需要的模型，选择蓝色按钮"Down This Thing"，下载 STL 文件，下载后的模型一般都可以直接进行打印，如图 2-14 所示。

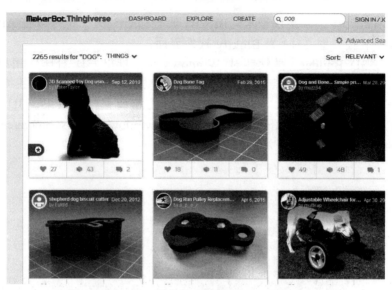

图 2-14　国外模型网站 thingiverse

国内外常见的模型网站见附录 A。

2.4.2　网页在线的 3D 模型设计软件

也有网页版的 3D 打印模型设计软件，操作简单，利用在线的互动工具可以直接达成建模想法，使用更为简单。一般常用的有以下两种：

1）3D Tin。是基于网页的 3D 模型软件，界面简单直观，有 Chrome 等浏览器插件。所有的模型都存在云端，支持输出文件格式为 STL、DAE、OBJ。用户可通过链接 http://www.3dtin.com/ 打开，如图 2-15 所示。

图 2-15　3D Tin 软件界面

2）TINKERCAD。是一个完全基于网上的 3D 建模平台和社区。建模跟 3D Tin 类似，消除了用户使用 3D 建模的技术门槛。无论是否是专业设计人员，用户都可以很方便地制作原型设计，并获得专业级的渲染效果，直接利用 TINKERCAD 的在线互动工具创建打印机使用的 STL 文件。用户可通过链接 https://www.tinkercad.com 打开，如图 2-16 所示。TINKERCAD 还有一个社区可以分享模型，大家也可以进行模型下载和上传。

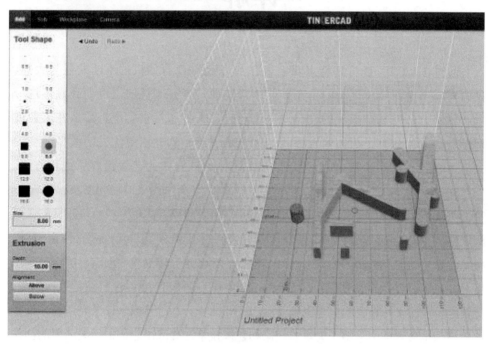

图 2-16　TINKERCAD 软件界面

第 3 章　3ds Max 软件 3D 打印建模详解

通过 1.1.2 节 3D 打印特点我们了解到，随着 3D 打印机的不断发展与大热，我们再也不必纠结于模型的生产工艺能否实现，3D 打印机的出现彻底颠覆这一生产思路，任何复杂形状的设计均可以通过 3D 打印机来实现。那么在工业成型没有问题的基础上，如何发挥我们的艺术灵感，创建出更优秀的模型就变得尤为重要。本章就以 3ds Max 为例，共同探讨 3D 打印的艺术建模思维和方法。

3ds Max 是一款游戏、影视、多元的 CG 软件，它不同于 UG、Pro/E、SolidWorks 等机械软件，它没有约束、没有详细的尺寸，所以建模方式更开放，可跟其 CG 雕刻软件更完美对接。其实 3D 打印机就是在解决手工雕刻复杂或者解决不了的问题频发而诞生的加工机器，所以 3ds Max 在配合 Zbrush 等雕刻软件创造出的极复杂模型就拥有了很容易的成型平台。3ds Max 建模丰富多样，无论是家具还是人偶模型，无数的影视作品和精良的模型也都是由 3ds Max 作为基础建模软件来完成的，许多的建模师也从软件中总结了大量的理论和建模技术，并应用它们把活灵活现的创作展现在了我们的世界中。指令是固定的，人是活的，不管软件的变化有多大，更新的频率有多快，但万变不离其宗，单单学会软件的基本命令不是我们的初衷，联系软件与发散思维绘制出我们的灵感与创作才是最重要的。

3ds Max 的建模方式与种类有很多，本书中将主要针对二维样条线建模和多边形建模来展开讨论，创建出丰富多彩的打印模型。

3.1　3ds Max 建模软件界面

3D Studio Max，常简称为 3ds Max 或 MAX，是 Discreet 公司开发的（后被 Autodesk 公司合并）基于 PC 系统的三维动画渲染和制作软件。在本次建模创作中，使用 3ds Max 2012 完成所有的模型创作设计，目前最新版本是 3ds Max 2015。

3ds Max 2012 中文版工作界面如图 3-1 所示。下面具体介绍如下：

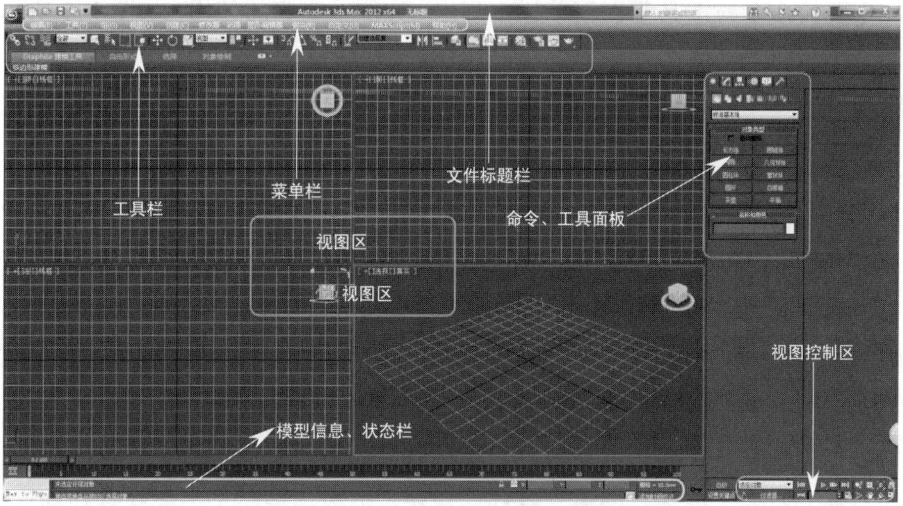

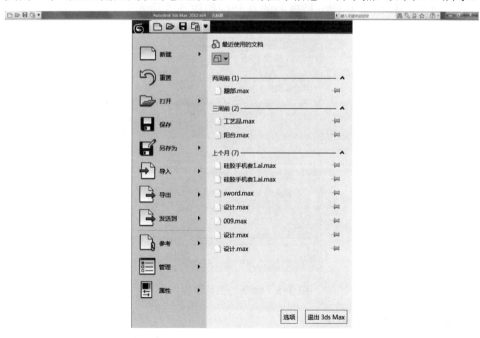

图 3-1　3ds Max 2012 中文版工作界面

1. 文件标题栏

文件标题栏用于快速保存、新建、打开、查找、整体软件缩放、最小化以及关闭，单击左上角应用程序按钮面板，应用程序信息一目了然，如图 3-2 所示。

图 3-2　文件标题栏

2. **菜单栏**

主要的命令与工具都在菜单栏中列出，方便了大家的使用，如图 3-3 所示。在熟练运用软件之后记住快捷键可以使创建模型的效率提升。

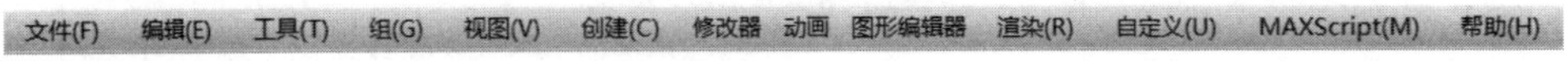

文件(F)
编辑(E)
工具(T)
组(G)
视图(V)
创建(C)
修改器
动画
图形编辑器
渲染(R)
自定义(U)
MAXScript(M)
帮助(H)

图 3-3　菜单栏

3. **工具栏**

在 3ds Max 2012 菜单栏的下方有一栏工具按钮，称为工具栏，如图 3-4 所示。通过工具栏可以快速访问 3ds Max 中很多常见任务的工具和对话框。

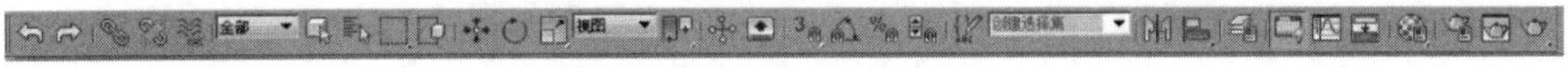

图 3-4　工具栏

在 3ds Max 模型制作中，绝大部分的基本操作也是通过此工具栏完成的，包括对称、对齐、框选、回退、移动、旋转、缩放等操作。当鼠标移动到具体工作上面时，也会出现相对应的提示。

4. **命令、工具面板**

当鼠标移动到具体指令上时会出现相对应的提示，这也是 3ds Max 的建模命令面板，几乎所有的模型都要通过这个面板来进行操作。命令、工具面板是整个 3ds Max 构造最复杂、最核心的部分，如图 3-5 所示。

修改
标准基本体
对象类型
自动栅格
长方体
圆锥体
球体
几何球体
圆柱体
管状体
圆环
四棱锥
茶壶
平面
名称和颜色

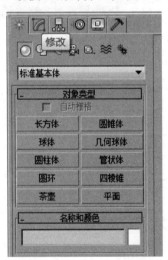

图 3-5　命令、工具面板

5. **视图区与视图控制区**

视图区位于界面的正中央，几乎所有的操作，包括建模、赋予材质、设置灯光等工作都要在此完成，如图 3-6 所示。还可以通过快捷键 Alt+w 切换单独的视图区，更加方便地观察每个模型。

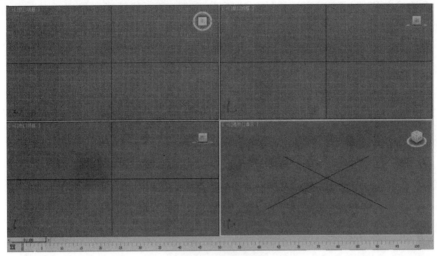

图 3-6　视图区

视图控制区位于工作界面的右下角，主要用于调整视图中物体的显示状态，通过缩放、平移、旋转等操作达到方便观察的目的。还可以通过右键单击任意面板中的按钮打开视口的配置栏，在其中调节更喜欢的视口配置，如图 3-7 所示。

图 3-7　视图控制区

6. 模型信息、状态栏

模型信息、状态栏用于显示物体的具体操作系数、模型坐标，也可以通过面板右侧坐标值来移动模型位置以及让模型坐标归 0，如图 3-8 所示。配合快速查看模型位置快捷键 "z" 可方便操作。

图 3-8　模型信息、状态栏

3.2　二维样条线面板与建模

虽然 3ds Max 是一款三维制作软件，但是大量的三维模型是由二维样条线来制作的，所以二维样条线与图形的使用也非常重要。所有的二维图形都是由点和线组成，在制作模型时可以通过调节点和线达到所需要的效果，同时二维线条是 3ds Max 中最基本的建模元素，也是最重要的环节之一。

如图 3-9 所示，在命令、工具面板中图形选项就是主要的二维线条面板，里面有基本的线条样式，可以直接快速创建所需要的线条，然后通过挤出、车削、壳等修改器将其转变为三维图形。下面就应用这些基本二维样条线制作一个高脚杯。

图 3-9　二维样条线面板

3.2.1　应用二维样条线制作高脚杯

1）选择"线" ![线] 工具，在前视图中单击鼠标，创建出图 3-10 所示的图形，这是一个高脚杯的雏形。

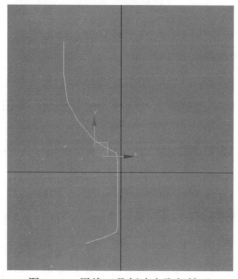

图 3-10　用线工具创建高脚杯雏形

2）单击"修改"命令，进入线条修改命令面板中，在"选择"卷展栏中选择"顶点"层级，如图 3-11 所示。

图 3-11　"修改"命令面板

3）选择线条上的节点，节点会变成红色，单击右键，选择"平滑"命令让线条变得平滑，在前视图中通过调节点的方式让线条变得圆滑柔顺，如图 3-12 所示。

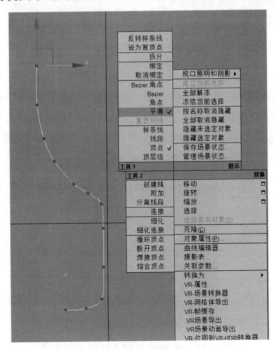

图 3-12　"平滑"命令

4）选择此图形，使用"车削"命令，"车削"命令在"修改器列表"中可以找到，如图 3-13 所示。

图 3-13　"车削"命令

5）单击"车削"命令，得到一个不规则的图形，如图 3-14 所示。这是因为"车削"命令是沿中轴进行一个 360°的旋转，现在的结果正是沿着 X 轴选择导致的，通过观察发现，需要让这个线条沿着 Y 轴进行最大选择，在"车削"命令面板中很容易就能找到"方向"与"对齐"，如图 3-15 所示。

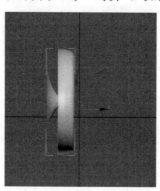

图 3-14　车削后得到不规则的图形

图 3-15　方向与对齐

6）单击"Y""最大"，就可以得到一个高脚杯的初步模型，如图 3-16 所示。

图 3-16　高脚杯初步模型

没有壁厚的高脚杯显然是不合理的，这种模型根本无法打印，需要给高脚杯加一个壳。在"修改器列表"中单击"壳"命令，运用快捷键 P 切换到透视图中。在"壳"修改器命令面板下，通过调节内外部量来达到需要的壁厚。在"修改器列表"中找到"涡轮平滑"并添加，以此来增加模型的细分与质量，涡轮平滑的迭代次数不应过多，一般 1～3 为宜。最后得到了一个漂亮的高脚杯，如图 3-17 所示。

图 3-17　"涡轮平滑"后的高脚杯

当然也可以通过其他的二维样条线命令来创建需要的模型，如图 3-18 所示。在制作一个模型时，先不要急着下手，要观察它的形状，然后找出与之对应的形状与工具，这样可以更快速地制作出模型。

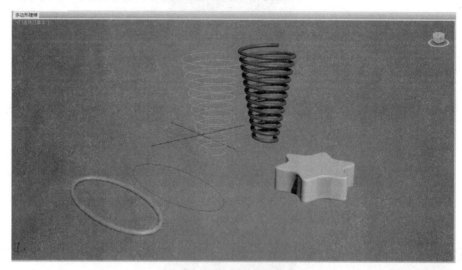

图 3-18   二维样条线命令创建其他模型

3.2.2   艺术字体的制作

下面应用"文本"工具创建文字，"文本"工具可以创建出精确的文本文字图形。单击图形面板下的"文本"工具，弹出"文本"操作面板，如图 3-19 所示。

图 3-19   "文本"操作面板

选择"文本"工具，设置"参数""字体"，如图 3-20 所示。

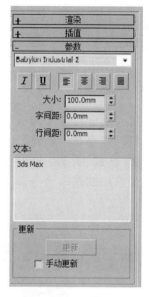

图 3-20　设置"参数""字体"

在前视图中单击，得到字体效果，并通过"挤出"命令得到字体模型，如图 3-21 所示。

图 3-21　运用挤出命令后的字体模型

提示

在文本文字转变为三维物体之后，文本的大小、字体和内容依然可以在"参数"卷展栏中进行修改。

3.2.3 复合对象建模与布尔运算

在 3ds Max 中，可以通过"复合对象"面板的命令创建出需要的模型。要显示复合模型的控制命令面板，需要在"创建"面板的"几何体"下拉列表中选择"复合对象"选项，如图 3-22 所示。在制作复合模型的功能中，布尔运算、放样、合并以及散布是最常用的基本命令。下面就对布尔运算命令做一个简要的介绍。

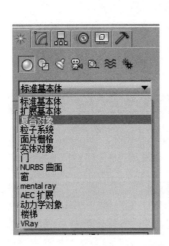

图 3-22 "复合对象"选项

"布尔"运算命令面板如图 3-23 所示。布尔运算（Boolean）通过对两个以上的物体进行并集、差集、交集的运算，从而得到新的物体形态。系统提供了 4 种布尔运算方式：并集（Union）、交集（Intersection）和差集（Subtraction，包括 A-B 和 B-A 两种）。

通过有效的布尔运算可以生成以下三类对象。

1）两个几何体的总体对象。

2）一个对象上删除与另一个对象的相交部分。

3）两个对象相交部分的新几何体。

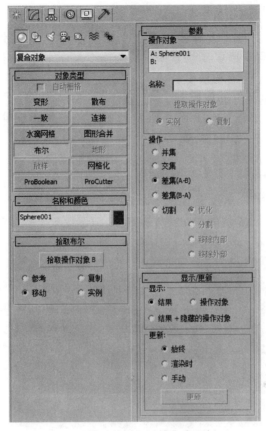

图 3-23　"布尔"运算命令面板

1. 布尔运算的卷展栏

进行布尔运算时，先选择的物体通常被称为操作对象 A，选择操作对象 A 之后，A 的名称将会显示在"参数"卷展栏的"操作对象"中，同理被布尔的对象称为 B，如图 3-24 所示。

（1）"拾取布尔"卷展栏

1）拾取操作对象 B：单击此命令可以选择操作的 B 对象，使 A 对象和 B 对象之间发生相应的布尔运算。

2）参考：使原始对象所做过的更改与操作同步于 B 对象。

3）移动：进行布尔运算后，B 对象被删除。

4）复制：可在场景中无限重复使用 B 对象。

5）实例：对于原始对象所做的更改与操作同步于 B 对象。

（2）"参数"卷展栏

1）操作对象：显示所有的操作对象。

2）名称：显示操作对象的名称，并可以进行修改。

3）提取操作对象：此操作只有在"修改"命令面板才有效，它将当前指定的操作对象重新提取到场景中，成为一个新的物体，这样进入布尔运算的物体仍可以被放置回场景中。

（3）五种布尔运算的使用方法

1）并集：布尔对象包含两个原始对象，此操作是删除几何体的相交部分或重叠部分。

2）交集：布尔对象包含两个原始对象重叠的部分。

3）差集（A-B）：从操作对象 A 减去相交的操作对象 B 的体积。

4）差集（B-A）：从操作对象 B 减去相交的操作对象 A 的体积。

5）切割：操作对象 B 切割操作对象 A，不给操作对象 B 的网格添加任何分段。

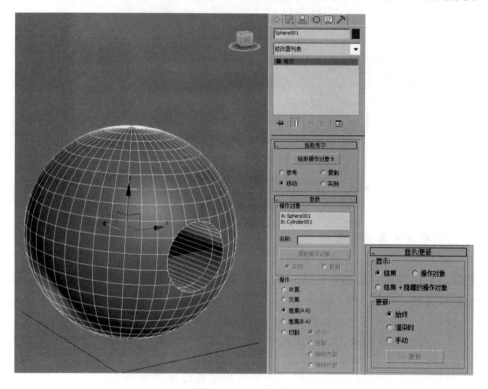

图 3-24　布尔运算

2. 运用布尔运算制作金刚狼胸牌

在了解了基本的布尔运算之后，可应用这个命令来制作一些自己喜欢的东西了，可以 3D 打印制作带有电话的 LOGO、3D 打印名片、个性工艺品等。在这里将制作一个金刚狼的胸牌，如图 3-25 所示。

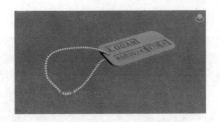

图 3-25　金刚狼胸牌

1）打开"图形"命令面板绘制出一个带圆角的矩形，如图 3-26 所示。

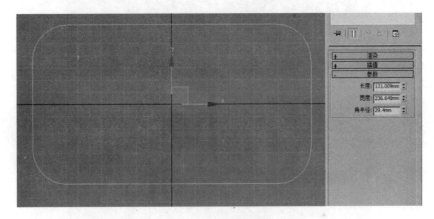

图 3-26　绘制矩形

2）应用修改器的"挤出"命令得到一个厚度适中的圆角矩形，如图 3-27 所示。

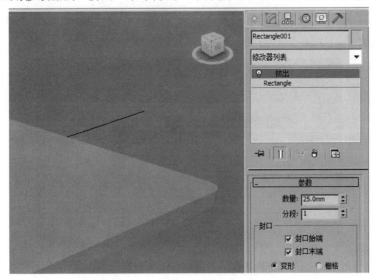

图 3-27　挤出厚度适中的圆角矩形

3）应用"矩形"命令画出文字的对应位置，如图 3-28 所示。

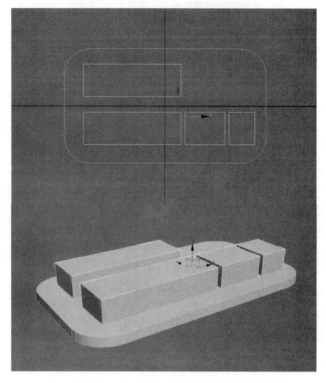

图 3-28　画出文字的对应位置

4）用"图形"命令创建所需要的文字，对应图 3-28 中矩形位置不要偏出。调整合适大小，如图 3-29 所示。

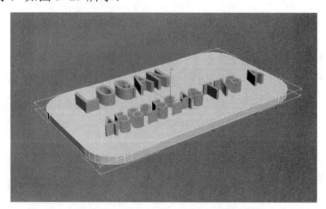

图 3-29　用"图形"命令创建文字

5）使用布尔运算，不难看出要使用的是差集 差集(A-B) ，布尔运算之后得到所需要的物体，如图 3-30 所示。

图 3-30　差集运算得到半成品胸牌

6）为了让整体美观漂亮，需要给文字部分做一个凹槽。选择之前做好的矩形，调整好所需位置并使用布尔运算，再通过简单的调整，这样一个胸牌就做好了，如图 3-31 所示。

图 3-31　文字部分凹槽

7）为了使胸牌更加美观，使用线条工具画好一个锁链，如图 3-32 所示。

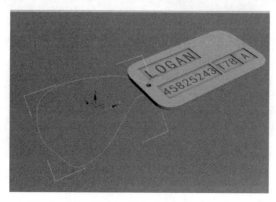

图 3-32　锁链

8）打开通过视图，在锁链上方画一个球体，线条要通过球体的中心，如图 3-33 所示。

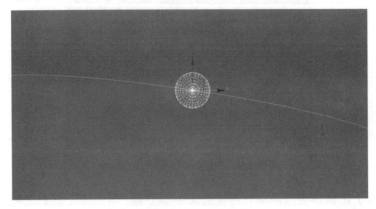

图 3-33　锁链上的球体

9）通过快捷键 Shift+I 打开"间隔"工具面板，选择线条，让球体随着线条做一个"间隔"的复制命令，数量根据需要调节，如图 3-34 所示。

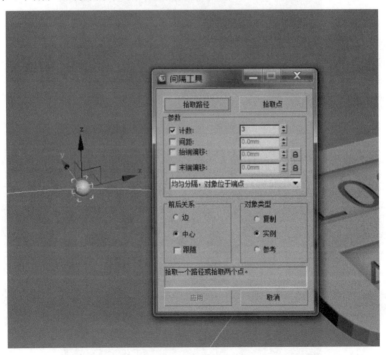

图 3-34　间隔命令

10）确定之后，得到一个带有锁链的成品胸牌，如图 3-35 所示。

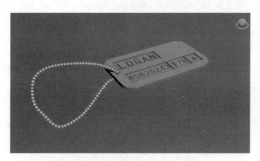

图 3-35　带锁链的成品胸牌

3.2.4　制作家庭艺术品小摆件

在认识了以上几个工具之后，对 3ds Max 二维线条有了一定的初步认识，本小节就联系几个操作命令，通过车削、布尔运算、挤出等命令完成一个家庭艺术品小摆件的建模，如图 3-36 所示。

图 3-36　家庭艺术品小摆件

1）利用"图形"工具画出二维线条，如图 3-37 所示。

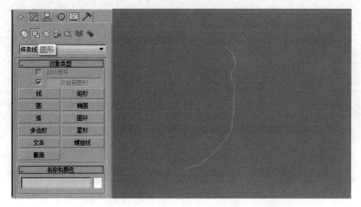

图 3-37　利用"图形"工具画出二维线条

2）单击右键，选择"平滑"命令，使用"移动旋转"工具调节点的位置，让曲线更加圆滑顺畅，如图 3-38 所示。

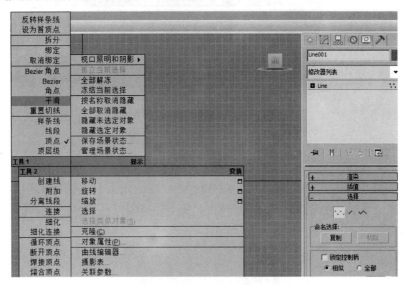

图 3-38 "平滑"命令

3）添加"车削"命令，移动"轴"调节出更适合的位置，如图 3-39 所示。

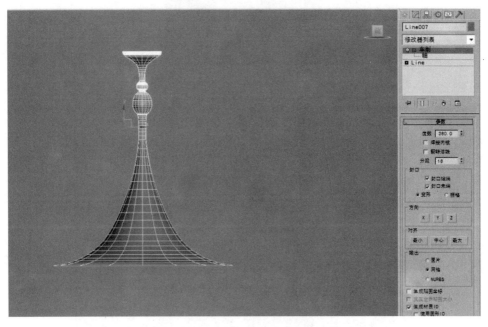

图 3-39 添加"车削"命令及移动"轴"

4）通过"壳"命令和局部的线段调节，得到一个更加丰满的底座，如图 3-40 所示。

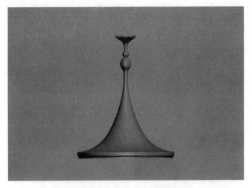

图 3-40　"壳"命令

5）再次使用线段，在顶部添加装饰品的雏形线，对其线段使用"车削"与"壳"，得到完整的物体，如图 3-41 所示。

图 3-41　完整的物体

6）用线条绘制出任意的封闭曲线，用作上面葫芦形装饰物体的镂空图样，样式自拟，可以自由发挥，如图 3-42 所示。

7）通过"挤出"命令编辑封闭线段，如图 3-43 所示。

8）通过旋转、拉伸、移动等命令 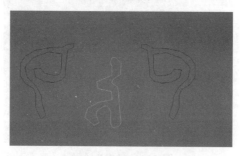，运用快捷键 q（选择对象）、w（移动物体）、e（旋转）、r（缩放），调整物体到适合的位置，并观察是否有重叠或者不合理的叠压出现，如图 3-44 所示。

图 3-42　镂空图样

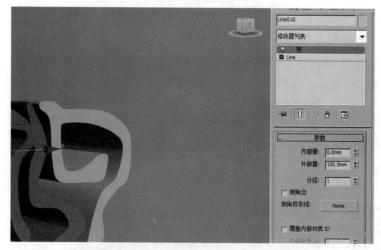

图 3-43　通过"挤出"命令编辑封闭线段

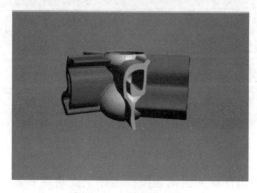

图 3-44　观察及调整

9）使用布尔运算，得到一个镂空的装饰物，如图 3-45 所示。

图 3-45　镂空的装饰物

小　　结

　　3ds Max 的布尔运算不同于一般机械软件，由于软件自身的计算方法不同，3ds Max 的布尔很容易乱面，且布尔之后一般情况下都是不可以切角和调整的。在接下来的学习中可以学到布线与 ploy 等建模功能，在不是很麻烦的情况下，希望读者还是不要轻易使用布尔。笔者给 3ds Max 的布尔起了一个绰号，叫作"模型终结者"，就是因为布尔之后的模型基本已经成为死模，很难在 3ds Max 中进行修改了。也有模型设计师运行布尔，从而避免了打印模型的破面现象。作为一般的小模型、小零件，布尔运算是很优秀、很实在的功能。

3.3　主建模工具的使用

　　在模型的制作过程中，如何让模型更加生动和真实地体现出来，是我们所迫切需要考虑的。对于 3ds Max 的核心建模，poly 建模的学习尤为重要，在对软件有了一定的了解之后，应用 poly 建模会让创作变得更加丰满。

　　虽然在 3ds Max 2012 中添加了石墨等建模工具，3ds Max 2015 又升级了一些其他的功能，但是 poly 建模始终是 3ds Max 建模的主要构成部分。相信读者学习本节之后，能对 poly 有一个由浅入深的了解，做出自己喜欢的模型。

3.3.1 poly 面板

对任意几何体单击右键，使用"转变为可编辑多边形"修改命令后，单击"修改" 按钮，进入 poly 的工作面板。poly 面板主要分为选择、软选择、编辑几何体、细分曲面、细分置换以及绘制变形 6 大部分，如图 3-46 所示。

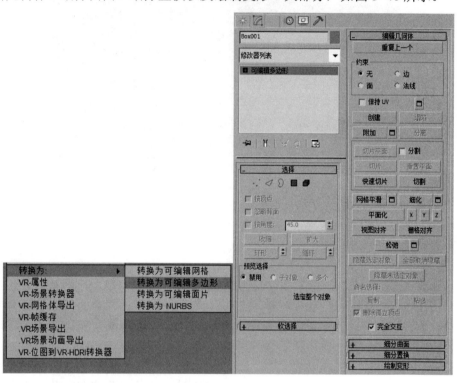

图 3-46　poly 面板

3.3.2 选择（编辑顶点、边线、边界、多边形）

"选择"卷展栏是对几何体的各个子级物体的选择，位于顶端的 5 个按钮分别对应了五种子物体级，分别是 （顶点）、 （边线）、 （边界）、 （多边形）、 （元素）。当按钮被单击之后变为黄色，则命令被激活，再次单击退出。也可以使用数字键盘上的 1～5 对五个命令进行切换与选择。

（1）"按顶点""忽略背面"与"按角度"命令

1）按顶点：该功能只能在顶点以外的四个子物体级中使用。当勾选此命令时，在几何体上单击点所在的位置，则与该点相邻的所有面都会被选择。

2）忽略背面：该命令就是指选择正对视图的子物体，无论是单击还是框选，一般在制作复杂物体时经常用到。

3）按角度：只在 poly 子物体级下有效，通过面之间的角度来选择相邻的面。其输入的数值，可以控制角度的阈值范围。

（2）收缩　缩小选择范围，点、线、面皆可。

（3）扩大　扩大选择范围，点、线、面皆可。

（4）环形与循环　只在边线和边界子物体级下有效。当选择了一段边线后，单击"环形"命令可以选择与所选边线平行的边线，单击"循环"命令可以选择与所选边线纵向相连的边线，如图 3-47 所示。

图 3-47　"环形"命令与"循环"命令

（5）预览选择　显示当前预览的有关信息，是提示用户当前有多少个点、多少个边或者多少个面被选择的预览界面，如图 3-48 所示。

图 3-48　预览选择

3.3.3　软选择

软选择功能可以对子物体级进行移动、旋转、缩放等修改，并同时影响周围部分的子物体，使物体表面达到相应的软化。

进入"软选择"卷展栏，选择 使用软选择，软选择被激活，如图 3-49 所示。

（1）边距离　控制调节规定距离内的子物体受影响程度。

（2）影响背面　控制作用力是否影响子物体背面。

（3）衰减、收缩与膨胀　控制衰减范围的形态，其中衰减控制整体范围，膨胀与收缩控制整体范围的局部效果。

（4）明暗处理面切换　单击该按钮，视图中的面将显示着色效果，再次单击则关闭。

（5）锁定软选择　锁定软选择参数。

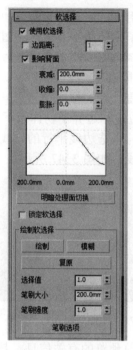

图 3-49　软选择界面

（6）绘制软选择　单击 绘制 按钮，就可以在物体上任意绘制图案了，如图 3-50 所示。

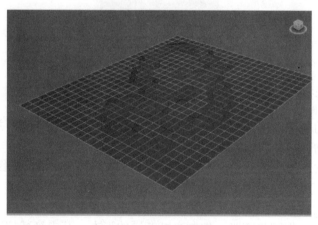

图 3-50　绘制软选择

（7）模糊　对选区内的衰减部分做柔化处理。

（8）复原　进行重置。

（9）选择值　选择画笔重力，默认 1。

（10）笔刷大小　调整笔刷大小。

（11）笔刷强度　连续重复使用笔刷，才能达到选择值的强度。

（12）笔刷选项　对笔刷进行进一步的细节调整，如图 3-51 所示。

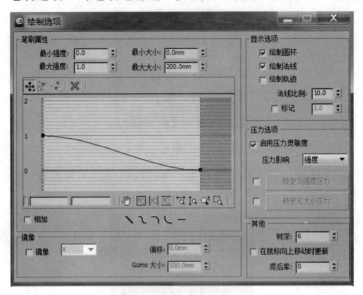

图 3-51　"绘制选项"界面

3.3.4　编辑顶点、边、多边形以及几何体

1. 编辑顶点

当选择顶点或者面之后，编辑顶点、编辑多边形与编辑边才会出现，这里主要是提供了对顶点、边和面的编辑功能，如图 3-52 所示。

图 3-52　"编辑顶点"卷展栏

1）观察第一个卷展栏，第一个命令为移除，这个功能不是删除，它是移除

顶点的同时保留顶点所在的面。

2）断开：选择一个顶点，然后单击"断开"命令，则顶点被打断为两个顶点。移动顶点会被明显发现，如图 3-53 所示。

图 3-53 "断开"命令

3）挤出：选择顶点，然后调节系数，可以根据自己的需要挤出不同的大小，如图 3-54 所示。

图 3-54 选择顶点并挤出

4）切角：相当于挤压，不过只是平面的左右移动。

5）焊接：把两个在规定范围内的顶点合并成一个顶点，规定范围在 ▣ 中进行调整。

6）目标焊接：单击"目标焊接"按钮，然后在视图中选择一个顶点，再单击另一个需要焊接的顶点，选择的两个顶点就会完成焊接。

7）连接：在顶点之间连接边线。选择两个需要连接的顶点，然后单击"连接"按钮，如图 3-55 所示。

图 3-55 单击"连接"按钮后的效果

8）移除孤立顶点：将不属于任何物体的孤立顶点删除。

2. 编辑边

"编辑边"卷展栏只有在"边"子物体级下才出现，是专门对边修改的卷展栏。边与顶点的卷展栏有很多相似的地方，用法也大致类似。为了避免重复，下面只针对部分功能做详解，如图 3-56 所示。

图 3-56　"编辑边"卷展栏

（1）插入顶点　在边线上任意添加顶点。

（2）切角　把边线切角成若干条细线，以增加线条的弧度或数量，如图 3-57 所示。

图 3-57　切角

（3）连接　在选择的线条之间产生新的边线。单击 按钮，可以详细调节边线数量、位置以及偏移方向，如图 3-58 所示。

图 3-58　连接

3. 编辑多边形

"编辑多边形"卷展栏是多边形建模的一个比较核心的部分，单击"多边形"子物体级，可以看到"编辑多边形"卷展栏，如图 3-59 所示。

图 3-59 "编辑多边形"卷展栏

（1）插入顶点　不同于前两种插入顶点的方式，使用此插入顶点工具，是可以在物体的多边形片面上任意添加顶点的，如图 3-60 所示。

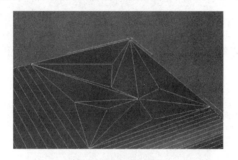

图 3-60 插入顶点

（2）挤出　单击"挤出"后面的□按钮，会发现有三种挤出命令，分别是组、局部法线和按多边形。我们可以尝试三种不同挤出，观察效果，如图 3-61 所示。

图 3-61 三种挤出命令

（3）轮廓　使被选择的多边形沿着自身的平面坐标放大或缩小。

（4）倒角　在使用倒角工具对多边形进行挤出后，还可以让面沿着自身的平面坐标放大或缩小，如图 3-62 所示。

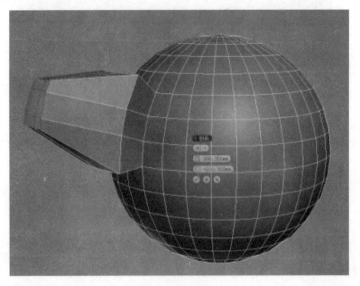

图 3-62　倒角

（5）插入　在选择的多边形面中插入一个没有高度的面，如图 3-63 所示。

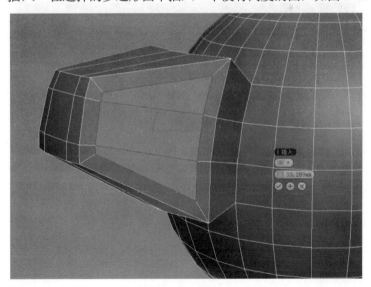

图 3-63　插入

（6）桥　与边一样，只不过这次是多边形与多边形之间的桥接，如图 3-64 所示。

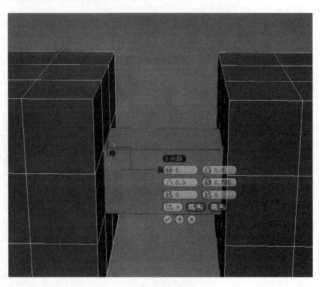

图 3-64 桥接

（7）翻转　将物体上所选多边形的法线翻转到相反的方向。

（8）从边旋转　让多边形以边为轴心来完成旋转挤出操作，如图 3-65 所示。

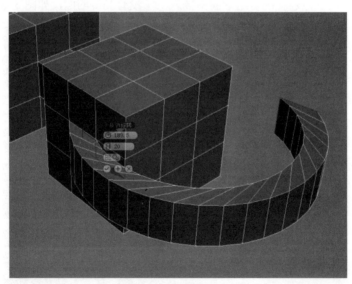

图 3-65 从边旋转

（9）沿样条线挤出　顾名思义，创建出样条线，然后回到可编辑多边形上，选择需要挤出的面，进入高级对话设置框，单击最下面的拾取命令，拾取样条线，完成挤出，如图 3-66 所示。

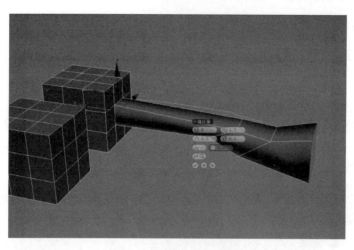

图 3-66 沿样条线挤出

4. 编辑几何体

"编辑几何体"卷展栏中的选项适用于整个几何体，也是在多边形建模中使用频繁且重要的一部分，如图 3-67 所示。

图 3-67 "编辑几何体"卷展栏

（1）重复上一个 重复上一次的操作。

（2）约束　对边、面以及发现进行约束。

（3）创建　创建顶点、边以及多边形。

（4）塌陷　将多个顶点、变形和面合并成一个，且塌陷的位置是这些子物体级的中心。

（5）合并　将其他的多边形几何体合并起来，让它们变成一个整体。

（6）分离　选择需要分离的多边形、顶点和边，单击"分离"按钮。

（7）切片平面　单击"切片平面"按钮，在调整截面的位置后单击"切片"按键，切割完成，如图 3-68 所示。

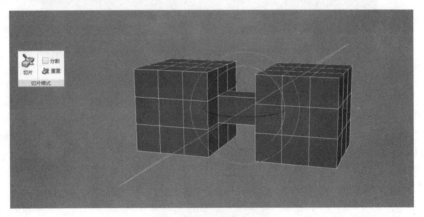

图 3-68　切片平面

（8）快速切片　和切片功能类似，单击"快速切片"按钮，在模型上确定截面的中心，然后围绕着轴心选择截面的位置切片即可。

（9）切割　一个非常有用的命令，也是一个需要大量经验的命令，建模布线完全靠它，其操作非常简单，只是在模型上切割线条，也就是在面或者点上加线，如图 3-69 所示。

图 3-69　切割

（10）网格平滑　使物体所选的子对象变得光滑，但在光滑的同时会增加大量的面数，如图 3-70 所示。

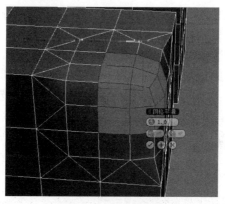

图 3-70　网格平滑

（11）细化　细化所选多边形，使其增加细分。

（12）平面化　将选择的子物体在同一平面上进行交换，对应 X、Y、Z 轴。

3.3.5　细分曲面

"细分曲面"卷展栏是对几何模型的一个细分功能，如图 3-71 所示。通过对模型的细分调整，让建模时更容易达到理想的样子。

图 3-71　"细分曲面"卷展栏

（1）平滑结果　默认为开启状态，用于控制是否对光滑后的物体使用同一个光滑组。

（2）使用 NURMS 细分　勾选该命令，可以开启细分曲面功能。

（3）显示　控制显示效果。

（4）渲染　控制渲染效果。

（5）分隔方式　此选项是通过对平滑组的细分，达到更好的效果。

（6）更新选项　细分物体在视图中更新的一些功能选项，"始终"就是更新物体光滑后视图中的常态。"渲染时"表示只在渲染时进行更新。"手动"则是在更新时要单击下面的更新按钮。

3.3.6　绘制变形

"绘制变形"卷展栏，在调节详细参数之后，通过鼠标在物体的表面上进行绘画来修改模型，如图 3-72 所示。

图 3-72　"绘制变形"卷展栏

（1）推/拉　单击该按钮后即可在模型表面进行绘制。

（2）松弛　对尖锐的物体表面进行圆滑处理。

（3）复原　对被修改过的部分进行重置。

（4）原始法线　推拉的方向总是沿着物体的原始法线方向进行移动。

（5）变形法线　推拉的方向总是随着物体的法线的变换而变化。

（6）变换轴　设定推拉的方向，X、Y、Z 轴皆可。

（7）推/拉值　决定一次推拉的距离。

（8）笔刷大小和笔刷强度　改变笔刷大小和强度。

小　结

　　至此，多边形建模的大部分功能基本就介绍完毕了，马上就可以进入模型创作了。建模是一个多看多观察的过程，做任何模型不要急于下手，先想明白它应该如何布线，应该用哪些建模方式。因为不是所有的模型都是有三视图或六视图的，所以想象、灵感与空间几何形体的认知，要比建模和软件本身更重要。

3.4　修改器

　　本节对 3ds Max 的修改器进行探讨与研究。修改器作为模型制作中一个重要的环节，它可以使模型更快速地达到我们所理想的效果。在不同的情况下，使用不同的修改器，可以达到事半功倍的效果。

3.4.1　常用修改器

　　修改器面板，在前面已经交代过位置和查找方法，在这里就不再做介绍。下面针对几个常用的模型修改器来介绍。

1．晶格修改器

　　晶格修改器对于制作建筑模型、个性模型有着重要的作用，比如骨架形的穹顶、建筑的框架等。

　　如对图 3-73 所示球体使用晶格修改器，会发现球体沿着它的分段线进行了晶格化，晶格的大小、半径、分段、圆滑等命令也在面板中一一列出，如图 3-74 所示。

　　如图 3-74 所示球体，通过拖拽一个任意形体，然后添加一个晶格修改器就可以实现。

2．壳修改器

　　前面已经介绍过了此命令，这个命令就像工业软件中的抽壳，不过使用起来更加方便，可以对任意模型进行抽壳。在 3D 打印中，抽壳尤为关键，壳的厚度在面板中可以通过内外部量来调节。壳的厚度就是将来 3D 打印模型的壁厚，如果不添加壳，模型将会成为一个实体；添加壳，可以减少模型的质量，节省用料。

3．对称修改器

　　在制作任何对称的模型时，例如汽车、人体等，对称修改器可以大大减少工作量，对称修改器是沿着中轴进行一个对称的复制，所以只需对一半的模型进行制作，然后添加此修改器就可以了，如图 3-75 所示。

图 3-73　对球体使用晶格修改器

图 3-74　晶格修改器

图 3-75　对称修改器

4. 弯曲修改器

对一个物体进行弯曲，前提是在有足够的分段数下进行，也是一个很有用的命令，可以更加快速地创建弯曲的物体。通过角度、方向以及轴向来控制弯曲程度与方式，如图 3-76 所示。

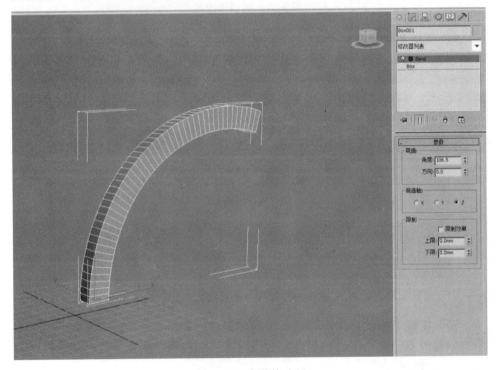

图 3-76　弯曲修改器

5. 扭曲修改器

和弯曲类似，不过是将模型进行扭曲，是创建一些异形工艺品的绝佳修改器，如图 3-77 所示。

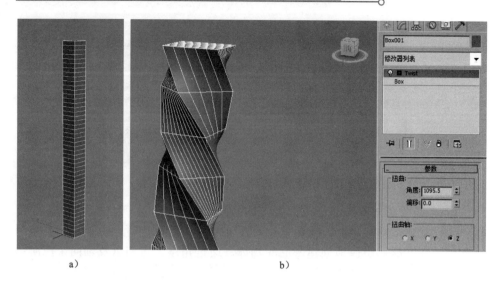

a)   b)

图 3-77　扭曲修改器

6. 涡轮平滑与网格平滑

涡轮平滑和网格平滑这两个修改器在模型制作的完成阶段至关重要。几乎所有的模型都要用到这两个修改器中的一个，作用就是将模型变得平滑和光滑。尤其在创作生物模型、人体模型、布料模型中，多边形建模与平滑修改器的搭配让模型更加的完美，如图 3-78 所示。

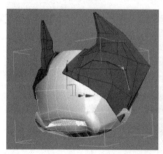

图 3-78　涡轮平滑与网格平滑

至此完成了修改器的部分讲解，同时建议读者多花一些时间深入研究一下所有的修改器，并掌握这些修改器的运用方法和技巧，相信读者的建模技术会更上一层楼。

3.4.2　修改器应用案例

下面应用修改器制作模型，为了快速制作模型，选择一个轮胎来进行制作。

1）创建一个平面，并加好分段数，如图 3-79 所示。

图 3-79　创建平面

2）进入 poly 命令下，继续添加需要的分段数并给中间两端凹槽应用基础命令，如图 3-80 所示。

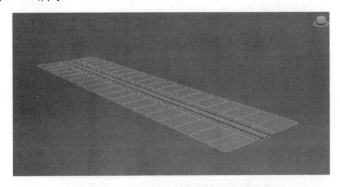

图 3-80　对中间两端凹槽应用基础命令

3）从模型的中轴线选择左侧的顶点并删除，如图 3-81 所示。

图 3-81　选择左侧顶点并删除

4）对图 3-82 所示线条加一个小切角。

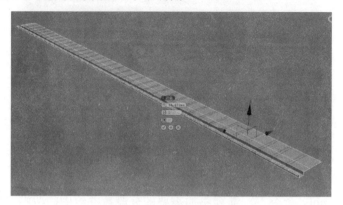

图 3-82　对线条加小切角

5）沿一侧进行调整，调出轮毂的大体形状，如图 3-83 所示。

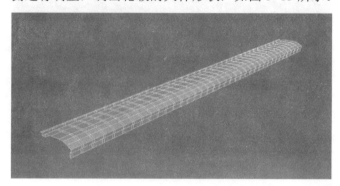

图 3-83　调出轮毂的大体形状

6）选择面并挤出，对模型线条完成一次合适的切角，如图 3-84 所示。

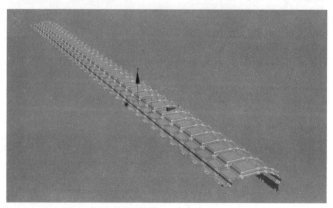

图 3-84　选择面、挤出并做切角操作

7）应用修改器，在"修改器列表"中添加弯曲修改器，如图 3-85 所示。

图 3-85　添加弯曲修改器

8）应用弯曲修改器把片面围成一个圆圈。通过观察会发现，此片面是沿着 Y 中轴进行一个 360°的旋转形成圆圈，如图 3-86 所示。

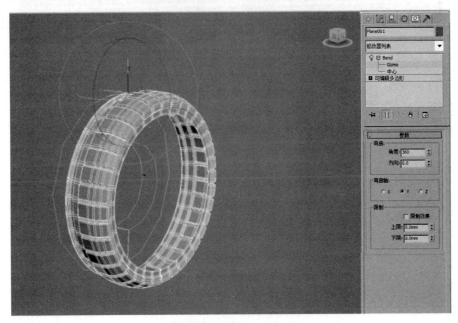

图 3-86　形成圆圈

9）模型现在是一半的，再继续添加一个对称修改器，如图 3-87 所示。

图 3-87　添加一个对称修改器

10）为了使模型变得更加圆滑，选择涡轮平滑修改器，如图 3-88 所示。

图 3-88　涡轮平滑修改器

11）经过最后的简单调整，一个简单的轮胎制作完毕，如图 3-89 所示。

12）可以根据修改器与多边形建模，制作更为复杂的轮毂或者其他的模型，如图 3-90 所示。

图 3-89　轮胎模型

图 3-90　复杂轮胎模型

3.5　生活类模型几何体建模

生活类的模型在生活中使用最为频繁，接下来将创建两款生活中常用的模型，分别是情侣杯和储物盒，主要应用以上学习过的命令来创建模型，希望在以后的 3D 打印模型设计中给读者带来帮助。

3.5.1　创建模型前的准备

本小节将介绍如何在建模之前做好准备工作,主要是参考图的选择与建立。

1. **选择并编辑参考图**

在制作一个模型之前,首先要有精确的图片信息或者资料,让我们知道如何精确地制作出高品质的模型。

通常选择的参考图为三视图或者六视图。当选择并创建参考图之后,要通过 Photoshop 或类似的平面软件对三视图进行裁剪,并知道每张图片的详细尺寸,如图 3-91 所示。

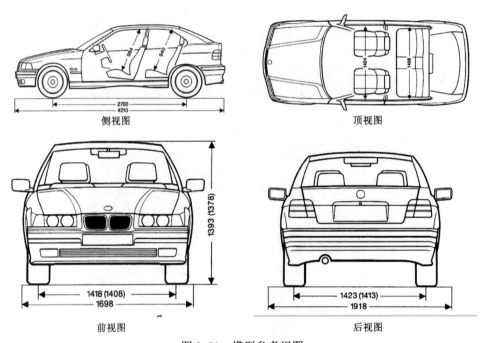

侧视图　　　　　　　　　　　　　　顶视图

前视图　　　　　　　　　　　　　　后视图

图 3-91　模型参考视图

2. **创建片面**

在 3ds Max 中激活左视图,创建一个片面。将片面的参数设置为左视图图片的尺寸比例,使用键盘 m 键激活“材质编辑器”,选择一个材质球并单击“漫反射”后面的按钮,并在下拉菜单中选择“位图”选项,选择侧视图。这样一张侧视图的参考片面制作完毕,如图 3-92 所示。

然后使用相同的方法在前视图、顶视图以及右视图布置相同的片面并附加对应图片,如图 3-93 所示。

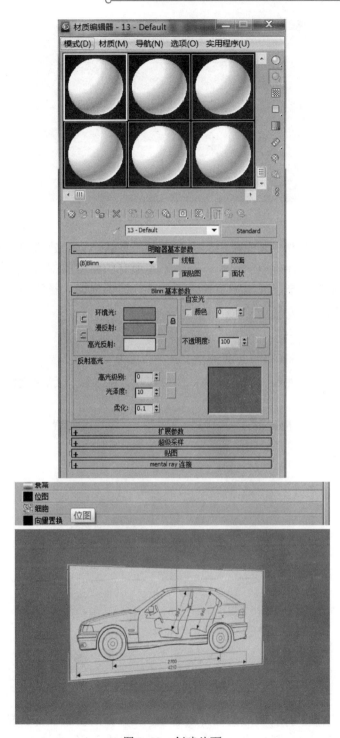

图 3-92　创建片面

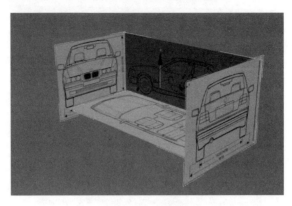

图 3-93　三视图

至此，我们学习了制作模型的三视图使用方法，同时建模中也要养成看着其他的参考图来进行建模的习惯。因为不是所有的参考图都有三视图，当然有时三视图也不能完全展现出模型的全部特点，需要根据大量的细节参考图来进行详细的制作。

3.5.2　"情侣杯"建模流程

现在开始正式进入 3ds Max 的多边形建模，图 3-94 是已经制作完毕的心形情侣杯模型。

图 3-94　心形情侣杯

1）指定贴图。打开一般的图片查看器，在下面的参数栏都会显示图片的尺寸，找到并记住它，图片的尺寸为 510×765，如图 3-95 所示。

230738_ymLTA.thumb.600_0.jpeg | 11.3 KB | 510x765x24b JPEG | 修改日期:

图 3-95　指定贴图

2）打开 3ds Max 软件，在顶视图中建一个平面，输入图片的尺寸并调整长宽（765×510）来作为建模的参考图，如图 3-96 所示。

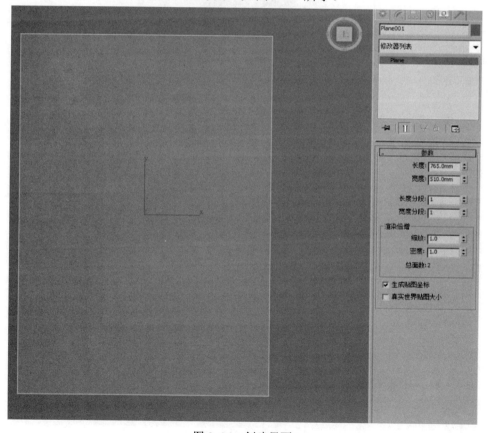

图 3-96　创建界面

3）在材质球中找到贴图并添加，最后添加到平面材质上，参考图制作完毕，如图 3-97 所示。

4）切换到顶视图中，根据参考图片绘制一个 Box（长方体），并按 Alt+X 键将 Box 变为半透明，如图 3-98 所示。

图 3-97　参考图制作

图 3-98　绘制 Box

5）根据杯子高度调整 Box 的尺寸，将 Box 调整到合适的高度，如图 3-99 所示。

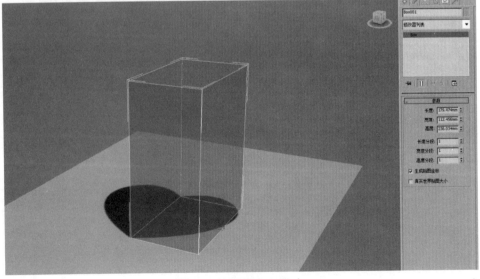

图 3-99　调整 Box 尺寸

6）单击右键，进入 ploy 多边形建模中，对模型进一步制作，如图 3-100 所示。

图 3-100　多边形建模对模型进一步制作

7）选择边并应用环绕和连接，为 Box 增加分段数，如图 3-101 所示。

图 3-101　为 Box 增加分段数

8）在顶视图中，根据参考图的大体形状调整 Box 形状，通过选择边界顶点并根据移动命令得到一个大概的模型，如图 3-102 所示。

图 3-102　大概的模型

9）在透视图下可以整体观察到模型的效果，如果没有达到预期就继续调整，如图 3-103 所示。

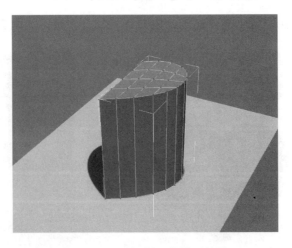

图 3-103　透视图下的模型效果

10）在多边形层级下，选择顶面并进行删除，如图 3-104 所示。

11）删除后得到箱体，如图 3-105 所示。

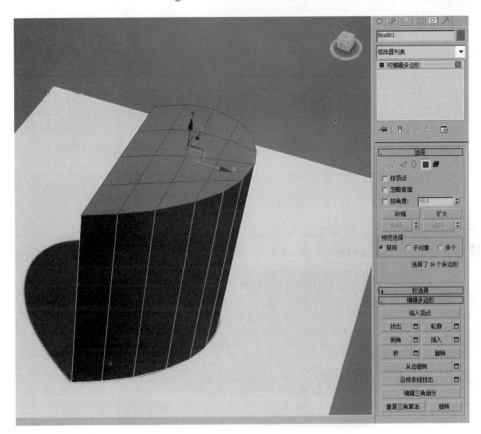

图 3-104　选择顶面进行删除

图 3-105　得到箱体

12）对模型底面进行一些制作，让模型看着不是那么突兀，在边的层级下通过连接命令在适当的位置添加一条分隔线，如图 3-106 所示。

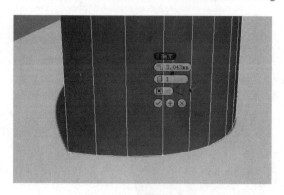

图 3-106　添加分割线

13）继续添加，直到满意为止。因为下一步要在底部做一个凹陷，所以三段完全够用，如图 3-107 所示。

图 3-107　继续添加分割线

14）选择下半部分的面，应用缩放命令进行缩小，再通过移动命令调整到适合的位置，如图 3-108 所示。

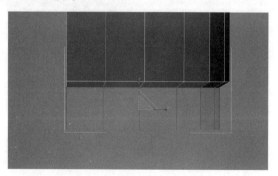

图 3-108　缩放和移动进行调整

15）选择边命令对线条进行切角，为了使以后的涡轮平滑达到更好的效果，如图 3-109 所示。

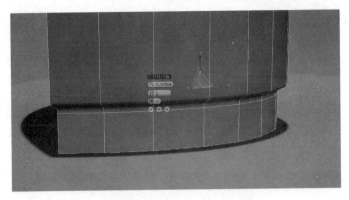

图 3-109　对线条进行切角

16）使用角度捕捉命令 旋转参考图与杯把手位置。

17）旋转 90°调整适当位置，如图 3-110 所示。

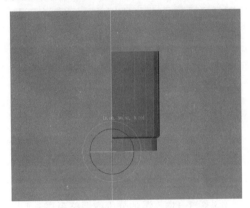

图 3-110　旋转 90°调整适当位置

18）通过移动和缩放命令，根据左视图确定与杯身大小合适的位置，如图 3-111 所示。

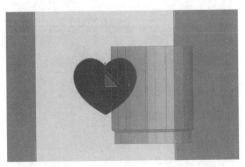

图 3-111　确定与杯身大小合适位置

19）在模型上添加适当的分段线，用来确定杯子把手的位置，如图 3-112 所示。

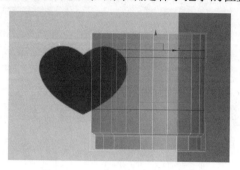

图 3-112　确定杯子把手的位置

20）通过透视图，在把手位置添加分段线调整距离，这样可以控制把手挤出的厚度，如图 3-113 所示。

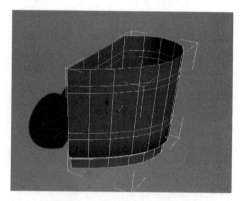

图 3-113　添加分段线调整距离

21）单击"多边形按钮"，选择多边形，如图 3-114 所示。

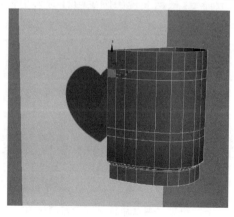

图 3-114　选择多边形

22）通过挤出命令，挤出多边形，如图 3-115 所示。

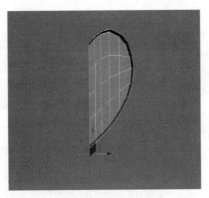

图 3-115　挤出多边形

23）回到侧视图，参照参考图不断地挤出多边形，然后选择挤出多边形的顶面，通过旋转和移动命令沿着参考图制作杯把，如图 3-116 所示。

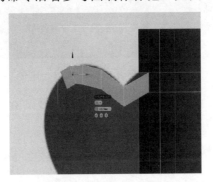

图 3-116　制作杯把

24）把手大体形态即将制作完毕，在心形的底部停下，选择顶端的多边形并删除，如图 3-117 所示。

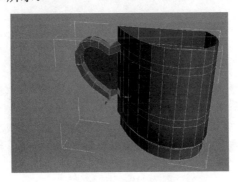

图 3-117　选择顶端的多边形并删除

25）进入边界子对象下，选择边线，通过桥接命令，将杯把和杯体相互连接成一体，如图 3-118 所示。

图 3-118　将杯把和杯体相互连接

26）由于 3ds Max 的计算方式，对应选择边线，然后一段一段桥接，以防桥接过长，当中发生错误，如图 3-119 所示。

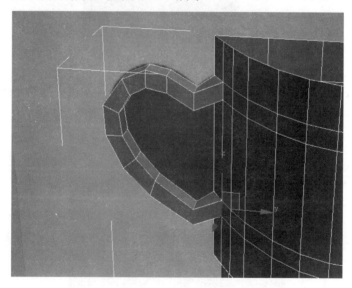

图 3-119　进行桥接

27）为了让以后的模型硬朗一些，在添加涡轮平滑之前，要在杯把之间添加一些分段线，来控制模型的平滑程度，如图 3-120 所示。

图 3-120　添加分段线

28）使用连接命令，并控制好分段线的位置，如图 3-121 所示。

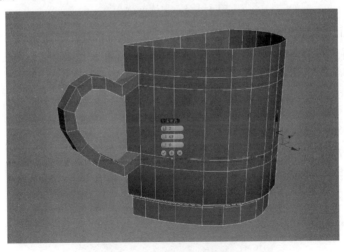

图 3-121　对模型进行微调

29）四周都要添加分段线，通过环绕命令选择环绕的边线，通过连接命令增加分段数，如图 3-122 所示。

图 3-122　四周增加分段数

30）杯子最后看起来要圆滑，而现在杯子的前端由于添加了分段线已经变得锐利了，如图 3-123 所示。

图 3-123　半成品模型

31）回到顶视图并在顶点子对象下，选择前端边线的顶点，用移动工具移动每一列顶点于适当的位置，让模型边界形成弧度，这样在以后的平滑中模型才能变得舒畅，如图 3-124 所示。

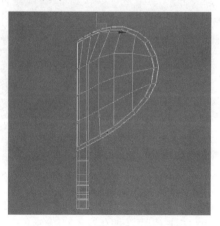

图 3-124　让模型边界形成弧度

32）同样底面也需要继续添加分段数，使用前面多次提到的方法，如图 3-125 所示。

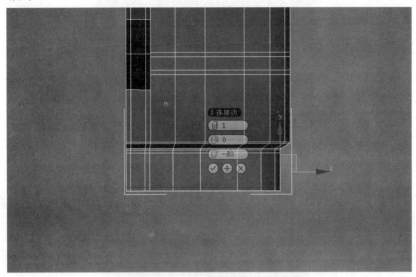

图 3-125　底面添加分段数

33）通过添加涡轮平滑修改器，观察模型圆滑效果，发现并不是很理想，把手部分过于软，如图 3-126 所示。

图 3-126　观察模型圆滑效果

34）继续在把手附近添加约束平滑尺度的分段线，如图 3-127 所示。

图 3-127　在把手附近添加分段线

35）为了使心形更加明显，在心形的顶端与底端边线使用切角，让心形在平滑之后显得硬朗一些，但不要过分添加，防止变得锐利，如图 3-128 所示。

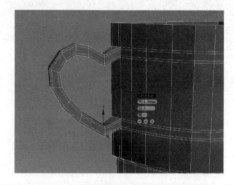

图 3-128　在心形的顶端与底端边线使用切角

36）在分段线的添加过程中，要慢慢摸索和总结，不断地调整模型，直到领会功能与功能之间的联系，如图 3-129 所示。

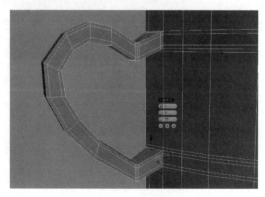

图 3-129　进行微调

37）回到涡轮平滑下，观察模型有无问题，如图 3-130 所示。

图 3-130　观察模型

38）没有问题之后，为模型添加修改器壳，增加厚度，如图 3-131 所示。

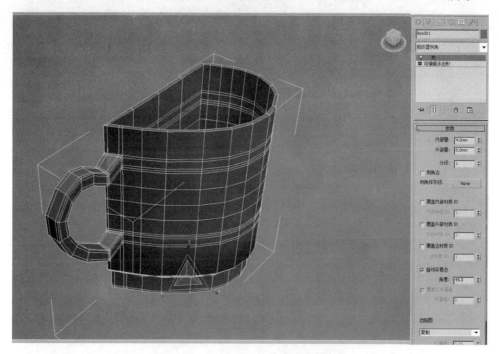

图 3-131　添加修改器壳，增加厚度

39）在壳添加无问题之后，直接对模型使用"转换为可编辑多边形"命令，如图 3-132 所示。

40）选择顶面边线为模型，添加"切角"命令，让杯口显得真实，如

图 3-133 所示。

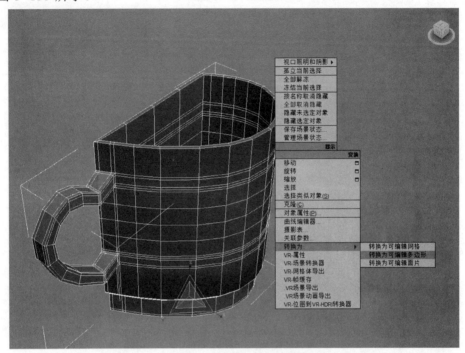

图 3-132　对模型使用转变为可编辑多边形命令

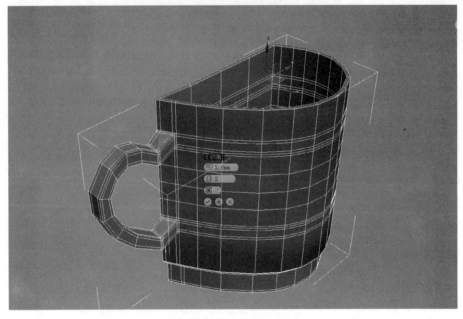

图 3-133　选择顶面边线为模型，添加"切角"命令

41）通过镜像修改器镜像出另一个与之对称的杯子，组成心形，如图 3-134 所示。

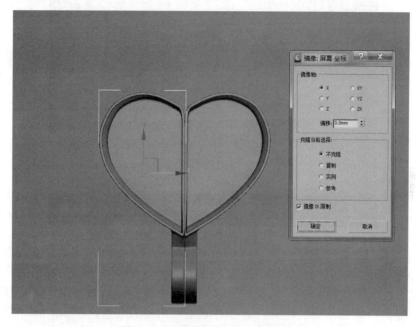

图 3-134　镜像出另一个对称杯子

42）最后的成品模型如图 3-135 所示。

图 3-135　成品模型

3.5.3　"萌猫"储物盒建模流程

接下来本节要制作一个储物盒，这个模型看似简单，但对于新手来说，建模的难度却不小。一款外形酷似猫咪的储物盒，如图 3-136 所示。

图 3-136　储物盒

1）在创建 3D 打印模型时，绝大多数情况下是没有对应的三视图的，只能根据现有的有限资料来多分析照片的结构，然后进行模型的创建，这是 3D 打印建模能力中相当重要的环节。通过对储物盒图画的观察，在 3ds Max 中创建出一个与之大小差不多的长方体，如图 3-137 所示。

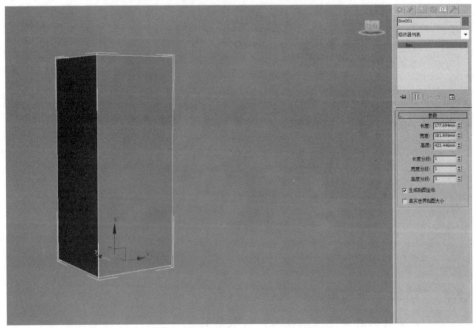

图 3-137　创建长方体

2）对长方体进行"转换为可编辑多边形"操作，如图 3-138 所示。

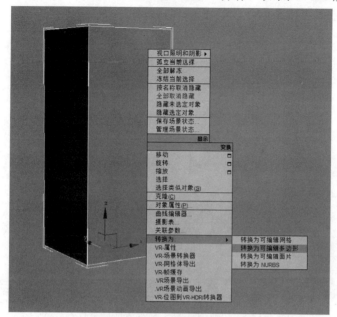

图 3-138　转换为可编辑多边形

3）通过点的调节，将整体模型做一个大概的调整，如图 3-139 所示。

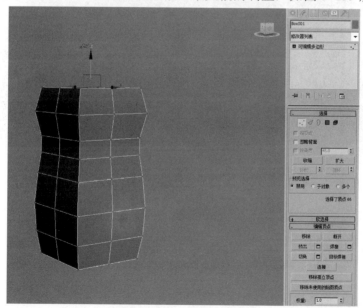

图 3-139　进行点调节

4）将视图切换为顶视图，对四周顶点进行操作，如图 3-140 所示。

5）选择四周顶点，通过缩放和平移命令将点进行移动，调节到适当的位置让多边形尽量成为一个圆柱，如图 3-141 所示。

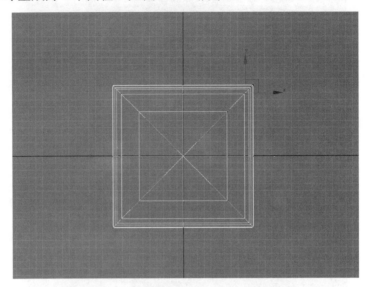

图 3-140 切换顶视图，对四周顶点进行操作

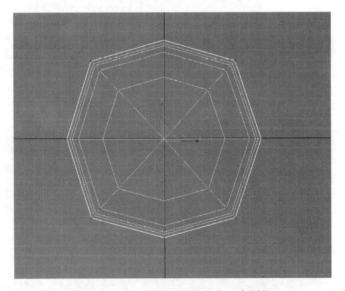

图 3-141 让多边形尽量成为一个圆柱

6）继续对整体模型进行细化，添加分段数并进行调整，让多边形更贴近原画，如图 3-142 所示。

7）预留出头部的位置并进行分离，得到储物盒的"头部"，如图 3-143 所示。

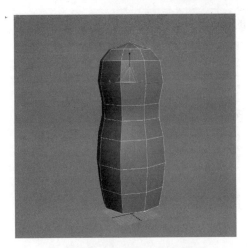

图 3-142　对整体模型继续细化

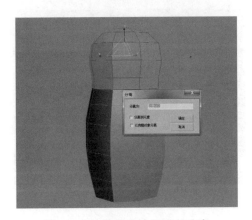

图 3-143　预留出头部进行分离

8）利用切割命令，添加所需要的切割线，参考原图，得到"耳朵"的基本位置，如图 3-144 所示。

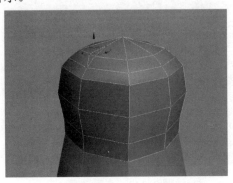

图 3-144　得到"耳朵"基本位置

9）选择切割好的部分，并对其进行挤出，如图 3-145 所示。

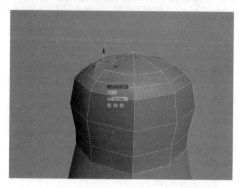

图 3-145　选择切割好的部分进行挤出

10）通过微调使手中模型与头脑中的立体模型相似，如图 3-146 所示。

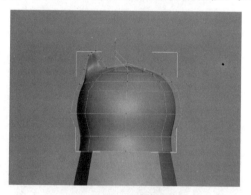

图 3-146　进行微调

11）在挤出的多边形上继续添加线段，通过移动命令调节点的具体位置，通过"涡轮平滑"命令查看模型完成效果，如图 3-147 所示。

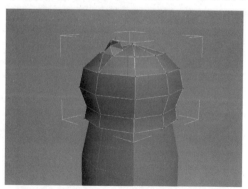

图 3-147　查看效果

12）调节完毕后，通过涡轮平滑可以观察到一个粗略的"耳朵"效果，如图 3-148 所示。

图 3-148　粗略的"耳朵"效果

13）发现耳朵的根部有些过于圆滑，这时继续应用切割命令对根部进行布线，约束圆滑大小，如图 3-149 所示。

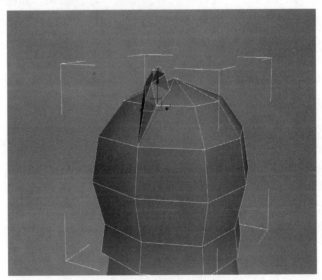

图 3-149　应用切割命令对耳朵根部布线

14）现在"耳朵"的后半部有些下凹没有立体感，继续横向加线，如图 3-150 所示。

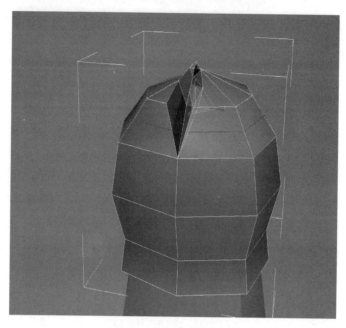

图 3-150 继续横向加线

15）回到点的子对象下，继续对"耳朵形状"进行微调，如图 3-151 所示。

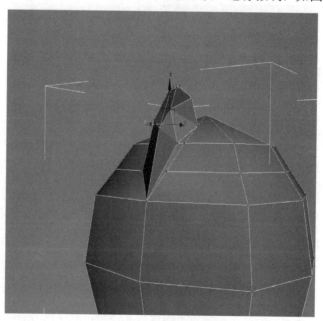

图 3-151 对耳朵进行微调

16）现在只做了一只耳朵，需要通过镜像合并焊接或者对称来完成整体，因此删除另一半模型,如图 3-152 所示。

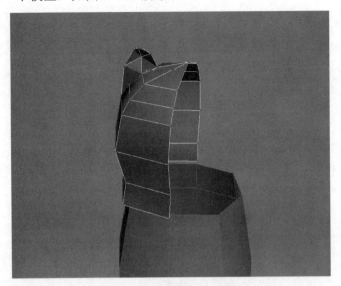

图 3-152 删除另一半模型

17) 继续观察不足并进行调整,如图 3-153 所示。

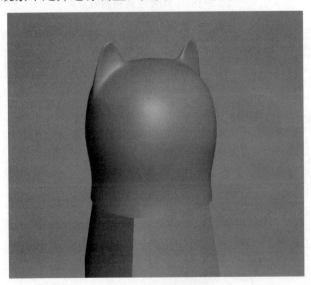

图 3-153 继续调整

18) 继续调整耳朵整体效果,直到满意为止,如图 3-154 所示。

19) 进行局部调节和增加线段,如图 3-155 所示。

20) 耳朵调整完毕之后,制作鼻子部分。在选定好位置后,通过切割命令对鼻子部分的多边形进行切割布线，如图 3-156 所示。

图 3-154　耳朵达到满意效果

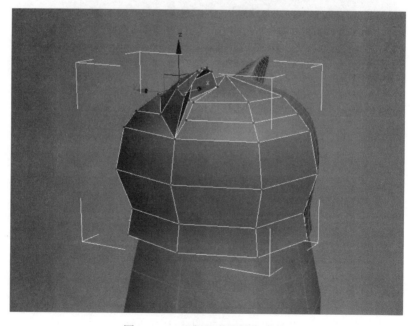

图 3-155　局部调节和增加线段

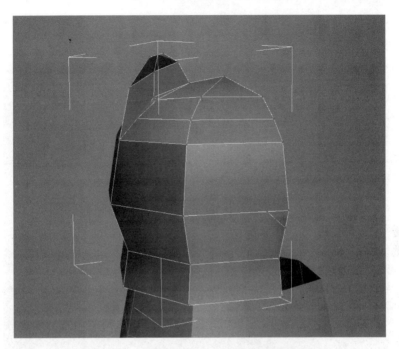

图 3-156 对鼻子部分的多边形进行切割布线

21）挤出"鼻子"到适合的位置，如图 3-157 所示。

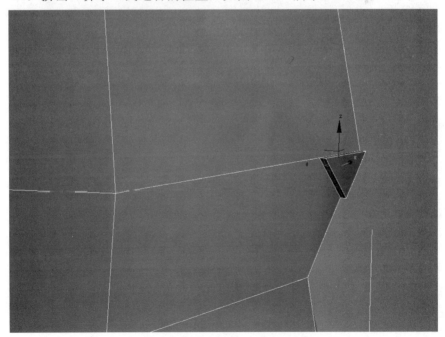

图 3-157 挤出"鼻子"到适合位置

22）鼻子制作完毕后，通过观察发现"猫嘴"位置的多边形分段数明显不够，需要添加足够的分段线，如图 3-158 所示。

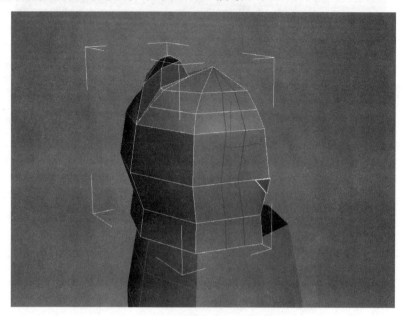

图 3-158　猫嘴部分添加分段线

23）调整点的位置，并选择对应的"猫嘴"部分的面，如图 3-159 所示。

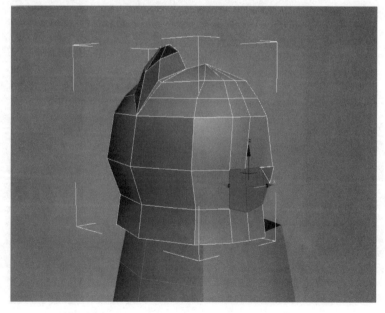

图 3-159　选择对应的"猫嘴"部分的面

24）同样通过挤出达到合适的高度，如图 3-160 所示。

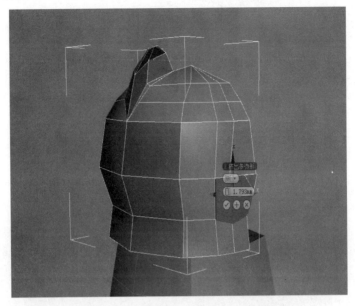

图 3-160　通过挤出达到合适的高度

25）通过焊接命令将选定挤出部分左侧的顶点进行焊接，达到一个整体过渡的效果，如图 3-161 所示。

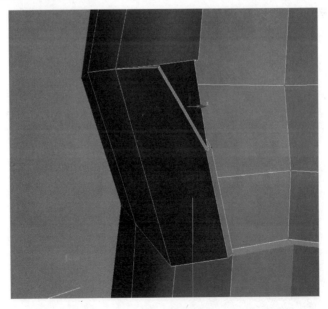

图 3-161　进行焊接

26）对称出一侧模型，并通过合并焊接命令让其成为一个整体，如图 3-162 所示。

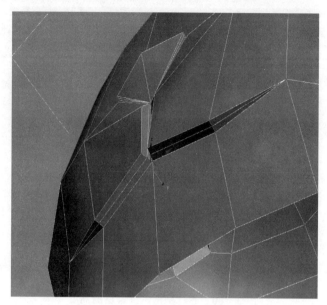

图 3-162　对称出一侧模型

27）焊接时要注意，不要让不对应的顶点也发生合并造成返工，如图 3-163 所示。

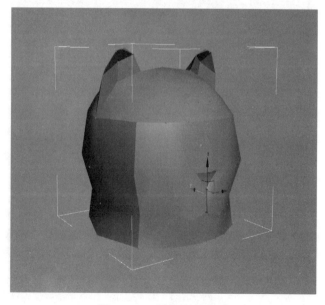

图 3-163　焊接注意事项

28）添加涡轮平滑命令，如图 3-164 所示。

图 3-164　添加涡轮平滑命令

29）在适当的位置添加"猫眼"，如图 3-165 所示。

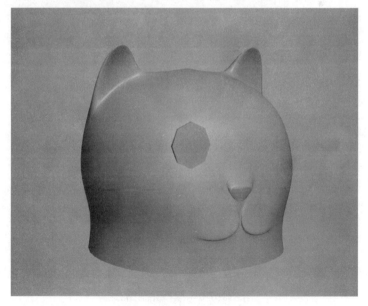

图 3-165　添加"猫眼"

30）转换为可编辑多边形，并调整顶点贴合主模型，如图 3-166 所示。

图 3-166　转换为可编辑多边形

31）与模型完全贴合，如图 3-167 所示。

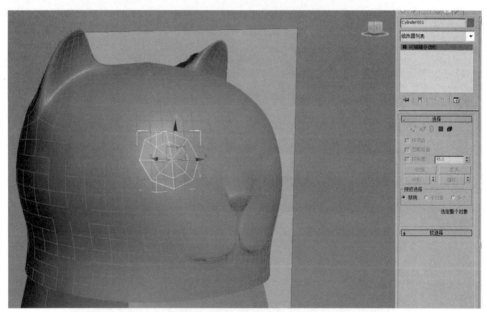

图 3-167　与模型完全贴合

32）选择圆圈中心部分，进行分离得到瞳仁，如图 3-168 所示。

33）通过"挤出""切角""圆滑"命令以及修改器让片面变成一个圆滑的

猫眼，如图 3-169 所示。

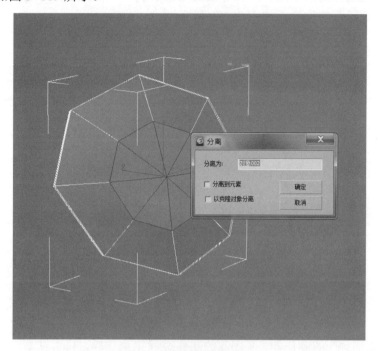

图 3-168　得到"瞳仁"

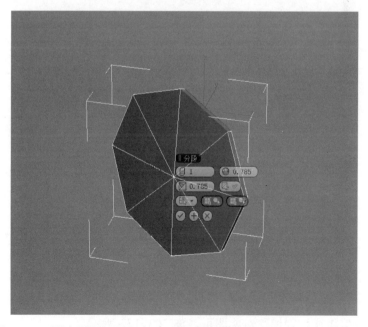

图 3-169　通过"挤出""切角""圆滑"命令及修改得到一个圆滑的猫眼

34）在模型的胡子部分，在对应的位置添加一些小圆柱体，通过位移将圆柱体调整到适合的位置，如图 3-170 所示。

图 3-170　胡子位置增添小圆柱体

35）"胡须"的制作和"猫眼"的制作过程完全一样，只不过是一个圆柱一个长方体，如图 3-171 所示。

图 3-171　制作胡须

36）调整胡须位置使其对称即可，如图 3-172 所示。

图 3-172　调整胡须位置使其对称

37）通过观察和微调得到一个满意的上半部分，如图 3-173 所示。

图 3-173　观察和微调

38）制作下半部分，先将先前做好的下半部分当作参考长度，选择"猫头"的下端边线并按住 Shift 进行移动复制出新的面，并在移动复制的过程中调整适当的长度与形状，如图 3-174 所示。

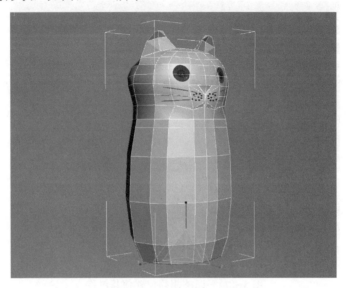

图 3-174　制作下半部分

39）完毕后对下半部分进行分离，如图 3-175 所示。

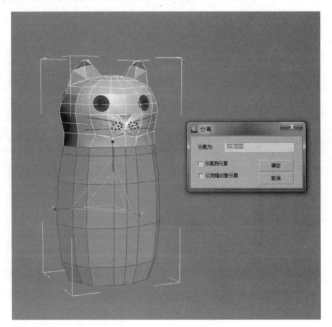

图 3-175　对下半部分进行分离

40）在可编辑多边形下，继续对不满意的部分进行调整，如图 3-176 所示。

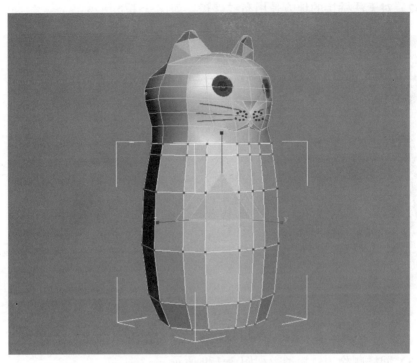

图 3-176　继续进行多边形调整

41）利用"桥"命令为底面封口，如图 3-177 所示。

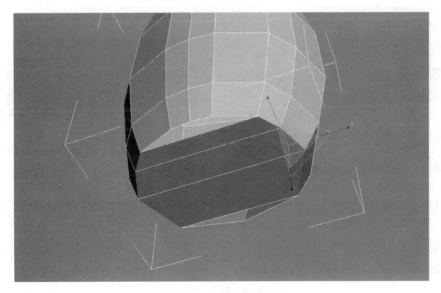

图 3-177　为底面封口

42）对无法桥接的地方使用布线焊接，如图 3-178 所示。

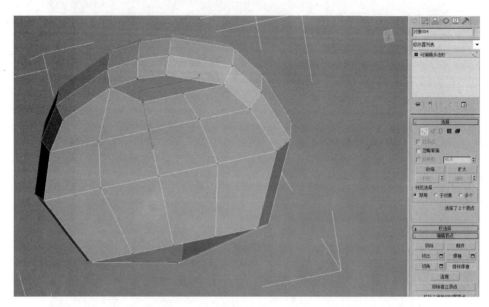

图 3-178　对无法桥接的地方使用布线焊接

43）同样删除一侧模型，如图 3-179 所示。

44）在多边形子对象下，选择猫前肢的部分并对其进行处理，如图 3-180 所示。

图 3-179　删除一侧模型

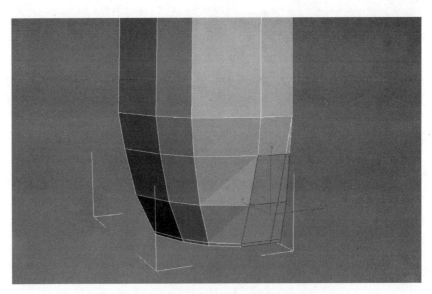

图 3-180　选择猫前肢的部分并对其进行处理

45）同样将前肢顶端的点进行焊接，如图 3-181 所示。

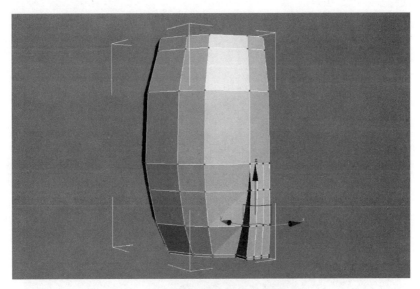

图 3-181　将前肢顶端的点进行焊接

46）通过"连接"命令对前肢部分进行加线，并不断调整直到满意，如图 3-182 所示。

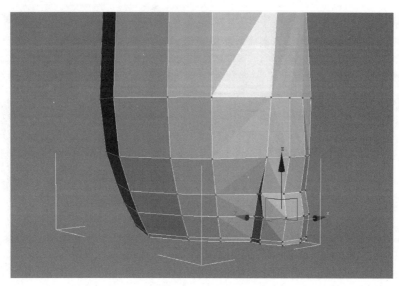

图 3-182　通过"连接"命令对前肢部分进行加线

47）在猫爪部分，使用"切割"进行布线，并对中线的底端顶点进行向内移动，如图 3-183 所示。

图 3-183　在猫爪部分，使用"切割"进行布线

48）添加"涡轮平滑"修改器，查看大体效果，如图 3-184 所示。

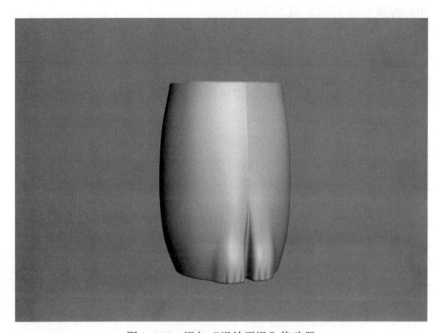

图 3-184　添加"涡轮平滑"修改器

49）对不满意的地方通过选择端点，移动进行调整，如图 3-185 所示。

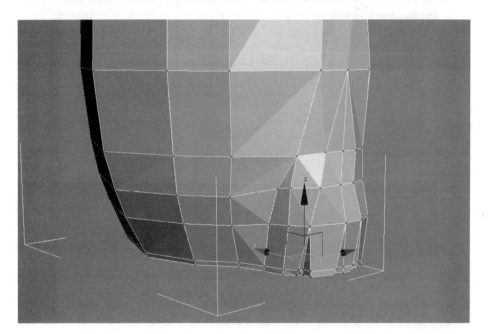

图 3-185　进行微调

50）满意后对后腿进行制作，方法和前肢类似，容易很多，如图 3-186 所示。

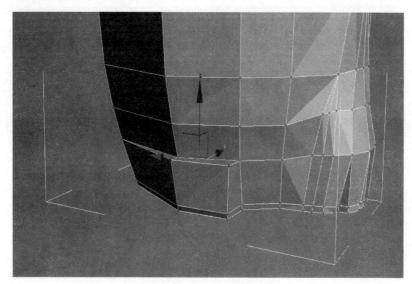

图 3-186　对后腿进行制作

51）同样以加线、布线方式并通过移动得到最终效果，如图 3-187 所示。

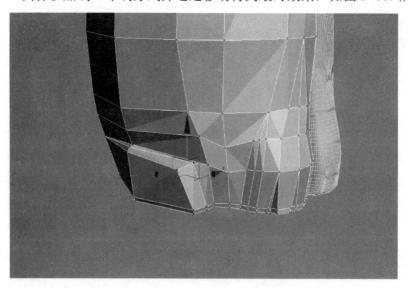

图 3-187　进行加线、布线操作

52）将左右两侧焊接成一体，查看整体效果，如图 3-188 所示。

53）通过"切割"将尾部位置确定，如图 3-189 所示。

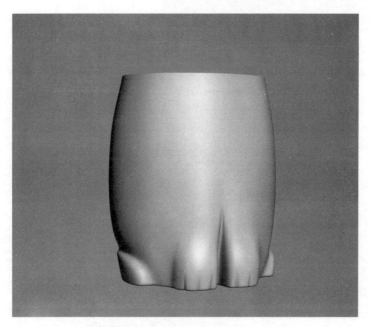

图 3-188 将左右两侧焊接成一体

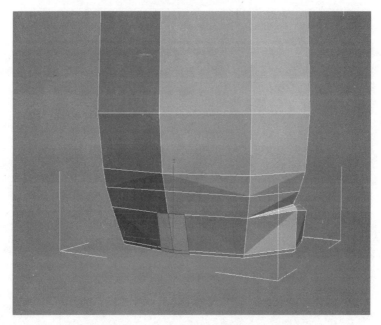

图 3-189 通过"切割"将尾部位置确定

54）通过"挤出""旋转"命令，得到尾巴，方法类似上一节的"杯子把手"，如图 3-190 所示。

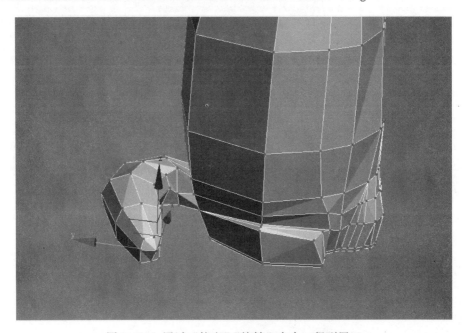

图 3-190 通过"挤出""旋转"命令，得到尾巴

55）最后将模型上下部分进行"壳"的添加，如图 3-191 所示。

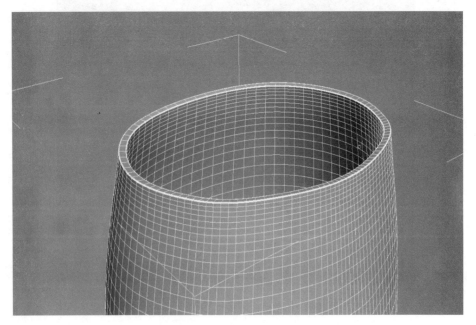

图 3-191 将模型上下部分进行"壳"的添加

56）一只萌猫储物盒制作完毕，如图 3-192 所示。

图 3-192　成品萌猫储物盒

3.6　创建工业模型

下面介绍两个工业设计方面的 3D 打印模型案例，分别是齿轮挂钟和概念摩托。

3.6.1　齿轮挂钟建模流程

齿轮挂钟案例如图 3-193 所示。

图 3-193　齿轮挂钟

1) 创建一个圆柱，调节好厚度和侧面的分段数以及大小，如图 3-194 所示。

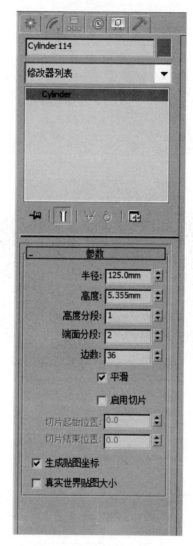

图 3-194　创建一个圆柱

2) 单击右键，选择"转换为可编辑多边形"，如图 3-195 所示。

3) 选择多边形，挤出齿轮，如图 3-196 所示。

4) 选择"挤出"命令，挤出齿轮部分，调节参数挤出到适合的位置，如图 3-197 所示。

5) 选择对应的边线，如图 3-198 所示。

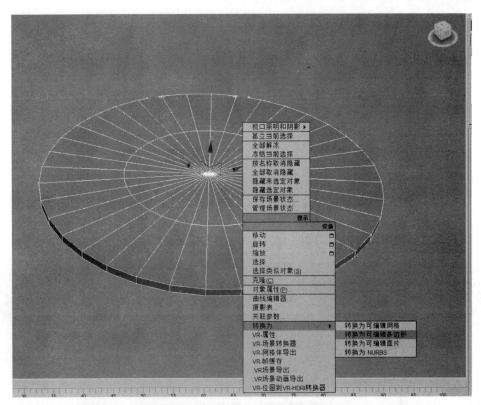

图 3-195　转换为可编辑多边形

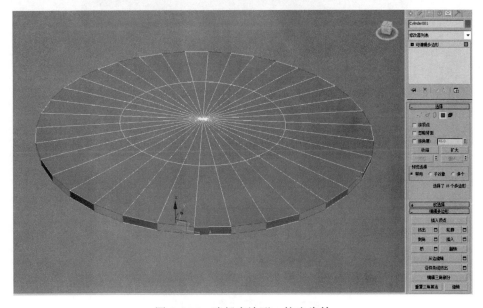

图 3-196　选择多边形，挤出齿轮

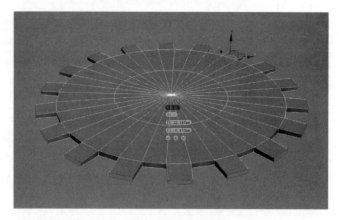

图 3-197　调节参数挤出到适合的位置

图 3-198　选择对应的边线

6）对其边线进行切角，如图 3-199 所示。

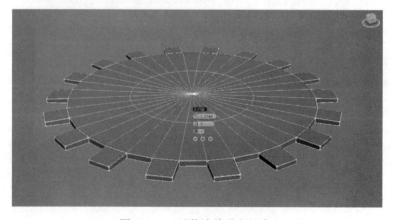

图 3-199　对其边线进行切角

7）给予涡轮平滑命令，使其变得平滑，在透视图中进行观察，如图 3-200 所示。

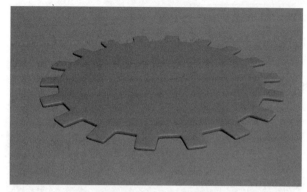

图 3-200　给予涡轮平滑命令

8）通过选择顶点，调节适当高度，如图 3-201 所示。

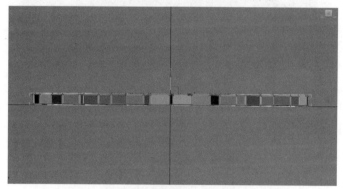

图 3-201　通过选择顶点，调节适当高度

9）在对应的位置创建矩形并增加所需的分段数，如图 3-202 所示。

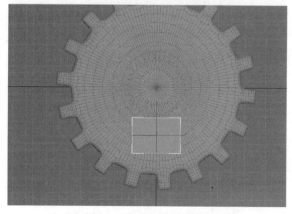

图 3-202　创建矩形并增加分段数

10）打开捕捉开关，将矩形捕捉到大齿轮的中心，如图 3-203 所示。

图 3-203　将矩形捕捉到大齿轮的中心

11）调节矩形形状，形状就是以后要对大齿轮进行布尔的空洞，如图 3-204 所示。

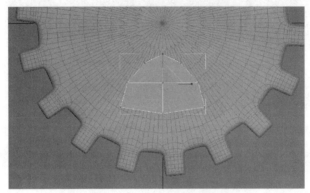

图 3-204　调节矩形形状

12）通过层次命令配合捕捉开关，将矩形的中心坐标固定在大齿轮的中心点上，如图 3-205～图 3-207 所示。

图 3-205　层次命令配合捕捉开关 1

图 3-206　层次命令配合捕捉开关 2

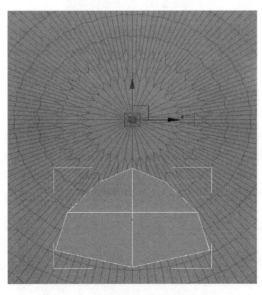

图 3-207　层次命令配合捕捉开关 3

13）设置旋转角度，围着大齿轮进行轴心复制，这里复制出五个，由于一周是 360°，那么每个旋转的角度是 72°，如图 3-208 所示。

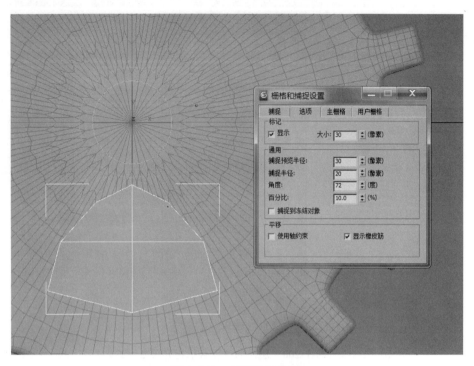

图 3-208　设置旋转角度

14）对变化的多边形增加分段数以控制平滑程度，如图 3-209 所示。

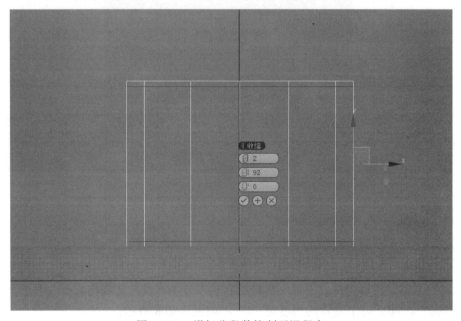

图 3-209　增加分段数控制平滑程度

15）对多边形进行中心复制，复制出五个多边形，如图 3-210 所示。

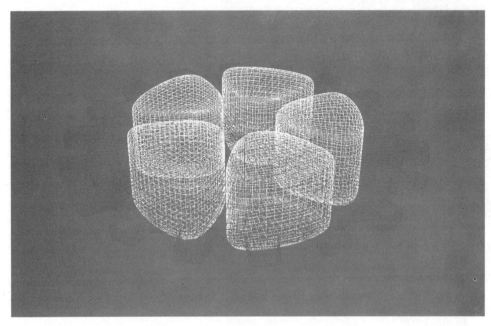

图 3-210　对多边形进行中心复制

16）选择齿轮，对齿轮进行布尔运算，得到带有五个异形空洞的齿轮，如图 3-211 所示。

图 3-211　选择齿轮，对齿轮进行布尔运算

17）在齿轮的中心点创建一个小齿轮，大小自定，如图 3-212 所示。

图 3-212　在齿轮的中心点创建一个小齿轮

18）根据上面的制作方法制作齿轮，如图 3-213～图 3-217 所示。

图 3-213　制作齿轮 1

图 3-214　制作齿轮 2

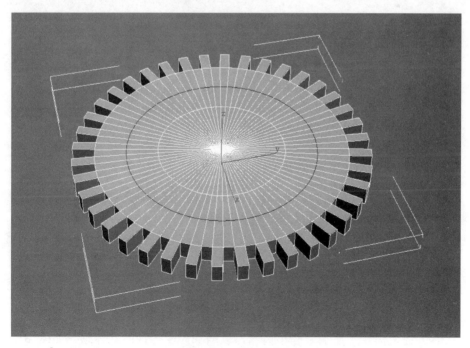

图 3-215　制作齿轮 3

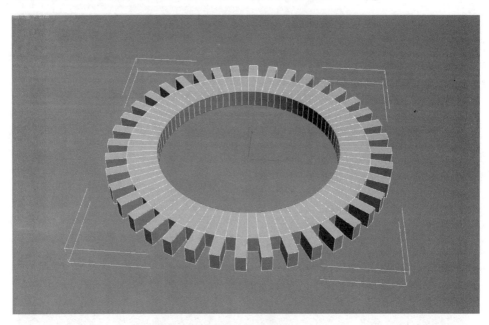

图 3-216　制作齿轮 4

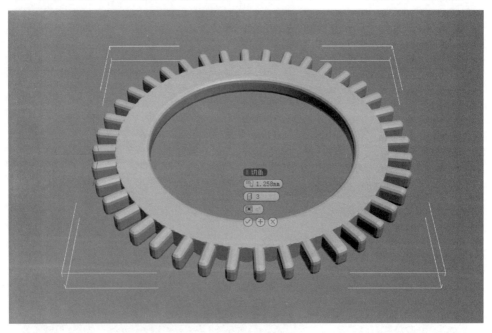

图 3-217　制作齿轮 5

　　19）在大齿轮上添加一些小齿轮，以增加齿轮挂钟的立体感，如图 3-218 所示。

20）在齿轮和齿轮的连接处，删掉部分锯齿以防止连续穿插影响整体效果，选择边线和"桥"命令对其封口，如图 3-219 所示。

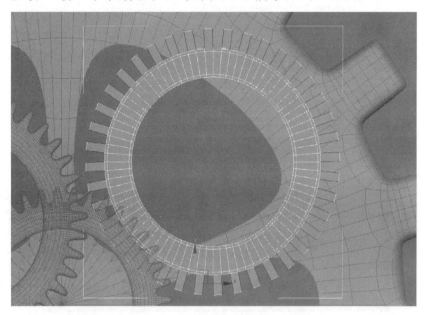

图 3-218　在大齿轮上添加一些小齿轮

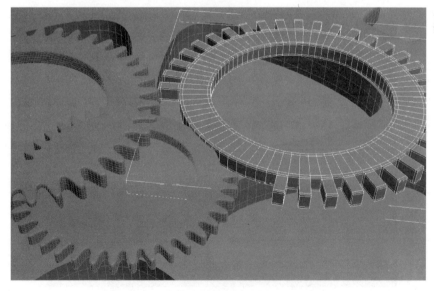

图 3-219　在齿轮和齿轮的连接处进行微调

21）大体效果制作完毕，现在开始制作表针，如图 3-220 所示。

22）在中心和边界数字位置添加两个圆柱物体，旋转中心皆为大齿轮的中心点，如图 3-221 所示。

图 3-220　制作表针

图 3-221　添加两个圆柱物体

23）同样，通过旋转角度的设置（30°）复制出 12 个圆柱作为数字辅助，如图 3-222 所示。

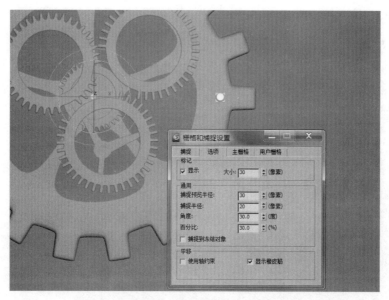

图 3-222　复制出 12 个圆柱作为数字辅助

24) 对中间表针部分, 选择适当的多边形进行挤出, 得到表针, 如图 3-223 所示。

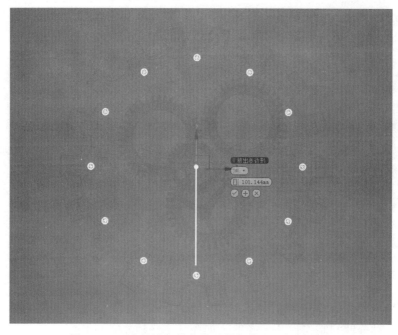

图 3-223　选择适当的多边形进行挤出, 得到表针

25）秒针的后半部分也采取同样方法制作，如图 3-224 所示。

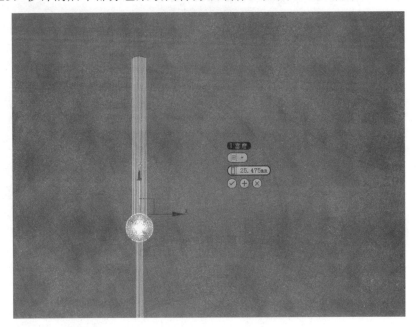

图 3-224　秒针的后半部分

26）时针的制作方法也和秒针一样，中心点都是对应在大齿轮的中心点上，然后通过对圆柱体侧面的多边形挤出、缩放以及移动调整时针，时针的形状完全可以根据自己的爱好调整，如图 3-225 所示。

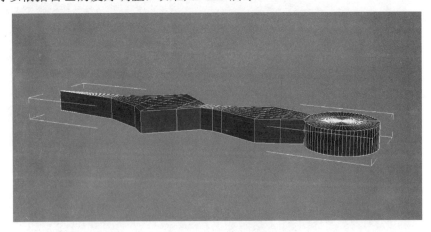

图 3-225　制作时针

27）制作形体各异的多边形，对时针进行布尔运算，如图 3-226 所示。

28）对分针的制作也是一样的，如图 3-227 所示。

29）制作模型的时候，有时需要随性一些，不需要过于拘泥形式，如图 3-228 所示。

30）取消隐藏，整体的模型制作完毕，如图 3-229 所示。

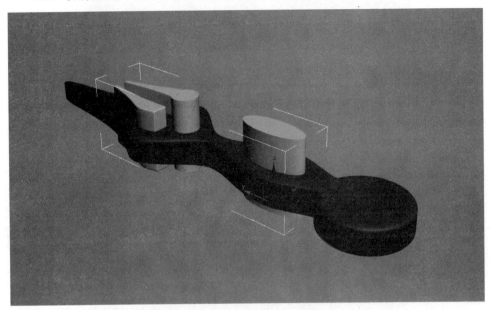

图 3-226　对时针进行布尔运算

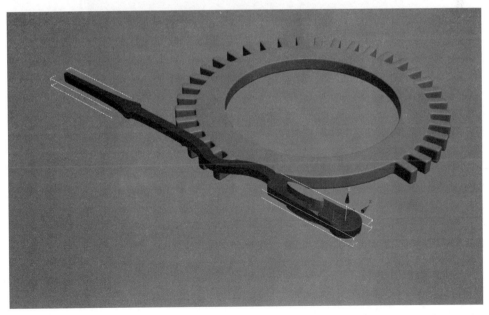

图 3-227　对分针进行布尔运算

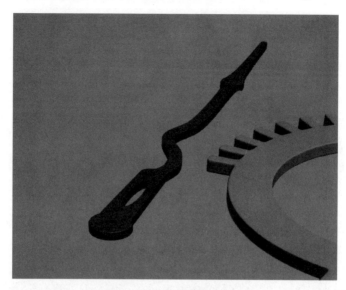

图 3-228　特殊时针模型

图 3-229　整体的模型制作完毕

3.6.2 "概念摩托"建模流程

概念模型是现代设计研发中的一个主要环节，概念分为实用型和概念型，超现代的概念模型总能给我们的设计带来些许启示。下面设计一款概念摩托并创建模型，如图 3-230 所示。

图 3-230　概念摩托

1）概念摩托的线稿已在 Photoshop 中绘制好，根据线稿得到三视图，在软件中将模型建立，如图 3-231、图 3-232 所示。

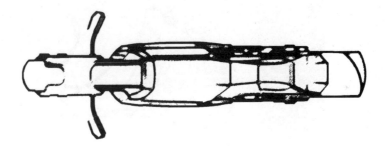

图 3-231　概念摩托俯视图

图 3-232　概念摩托主视图

2）将片面的参考图制作完毕，接下来就是模型的创建了，如图 3-233 所示。

图 3-233　模型的创建

3）创建轮胎模型，根据参考图把轮胎分为内外两部分，按照参考图的大小和线段数，在标准基本体中选择圆柱体，创建出适当分段数和大小的圆柱体，如图 3-234 所示。

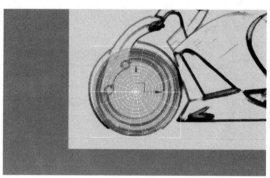

图 3-234　创建轮胎模型

4）在创建二维原画时，头脑中已经有了车轮的大概形状，有的细节不能在平面参考图中完全显现出来，但是可以凭借着读者的创意去丰富它，如图 3-235 所示。

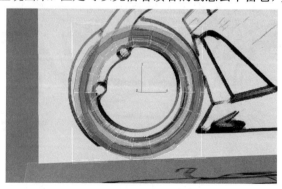

图 3-235　创建二维原画

5）将添加的线段圈选出来，并给其一个挤出命令，挤出是向内挤出，这样模型在涡轮平滑之后显得更加有立体感，如图 3-236 所示。

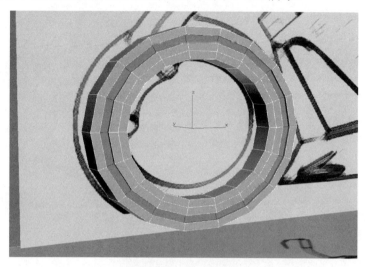

图 3-236　做挤出指令

6）对挤出部分和以后平滑的部分通过添加线段来控制涡轮平滑的程度，如图 3-237 所示。

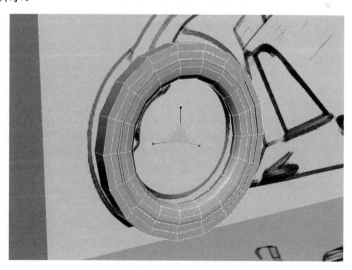

图 3-237　添加线段控制涡轮平滑的程度

7）制作轮胎部分时一定要正面、背面一起做，否则还需要使用对称或者对称复制焊接，增加不必要的时间。这里选择内部多边形，使用"缩放"命令调节其形状，如图 3-238 所示。

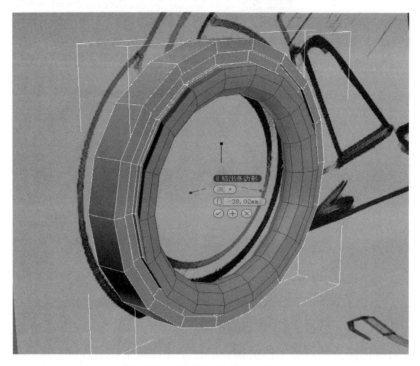

图 3-238 "缩放"命令调节其形状

8）制作完毕后，切换到顶视图，根据参考图把车轮移动到对应的位置，如图 3-239 所示。

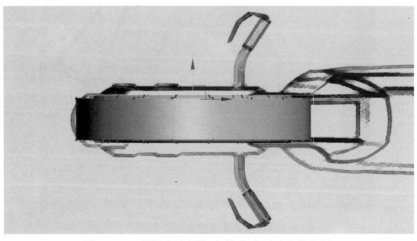

图 3-239 根据参考图把车轮移动到对应的位置

9）之前说过车轮分两部分来做，复制一个稍大一点的车轮模型，按住 Shift 键并使用缩放命令，使其复制，如图 3-240 所示。

图 3-240　复制车轮

10）删除不必要的部分，留下包围小轮胎的圆环部分，如图 3-241 所示。

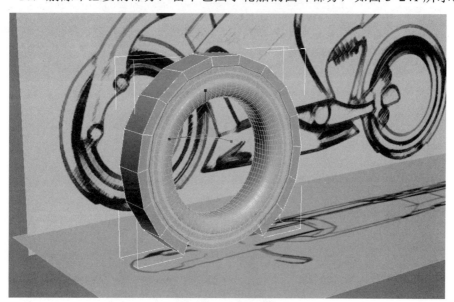

图 3-241　删除不必要的部分

11）单击右键，选择"显示隐藏"，选中所有物体，对圆环进行单独微调，如图 3-242 所示。

12）回到正视图，根据参考图调节包围外壁的形状，使其达到满意效果，如图 3-243 所示。

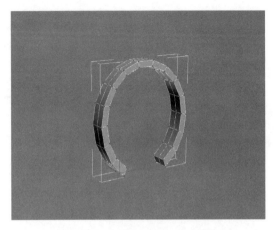

图 3-242　对圆环进行单独微调

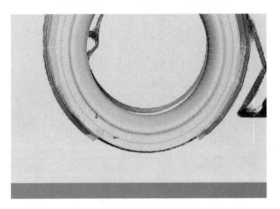

图 3-243　对外壁进行微调

13）通过涡轮平滑修改器，得到最终效果，如图 3-244 所示。

图 3-244　用涡轮平滑修改器进行修改

14）涡轮平滑之后，如果不满意，可重新回到多边形建模面板下对细节进行调整，如图 3-245 所示。

图 3-245　继续调整

15）车轮制作完毕后，开始制作连接车身的部分，如图 3-246 所示。

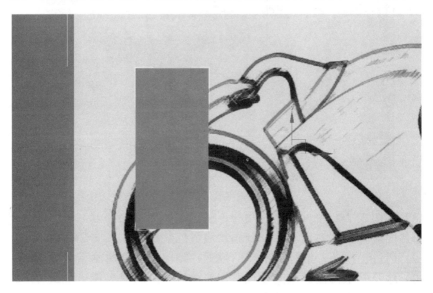

图 3-246　开始制作连接车身的部分

16）长方体加线，通过点层级、移动命令使其对应参考图，如图 3-247 所示。

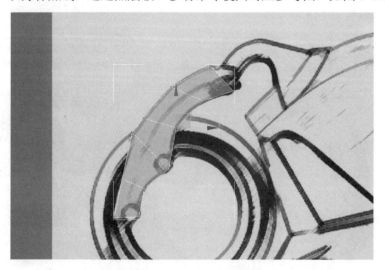

图 3-247　长方体加线

17）回到透视图观察模型，并对多边形进行调整，如图 3-248 所示。

图 3-248　对多边形进行调整

18）从图 3-248 中可看出轮胎和连接板之间有重叠部分，将这部分重叠的多边形片面删掉，并对留下的部分添加边界的线段，如图 3-249 所示。

19）通过正视图，继续调节点的位置，如图 3-250 所示。

20）这是一个慢慢调整的过程，需要读者头脑中时刻能呈现出一个立体三维模型，并通过眼与手在软件中将其实现，如图 3-251 所示。

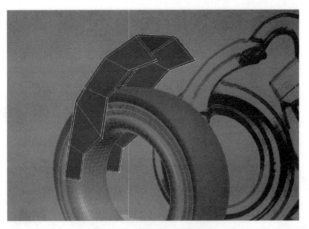

图 3-249　添加边界线段

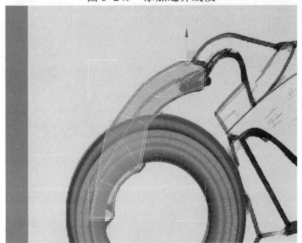

图 3-250　继续调节点的位置

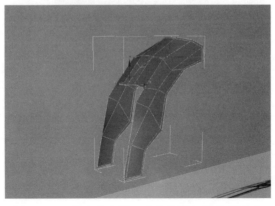

图 3-251　将头脑中的三维立体图与软件相结合

21）缺少分段数，可继续为之添加，但是不宜过多，如图 3-252 所示。

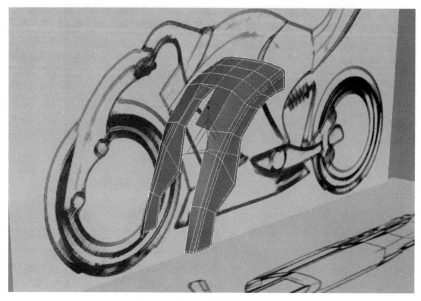

图 3-252　对模型进行微调

22）添加模型的中轴线，并删除一半物体，如图 3-253 所示。

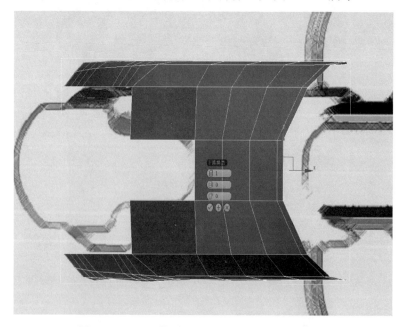

图 3-253　添加模型的中轴线，并删除一半物体

23）通过顶视图发现，由于调节过多，点已经变得很散乱，这时需要通过

选择顶点，将它们移动到一个纵向的水平面上，如图 3-254 所示。

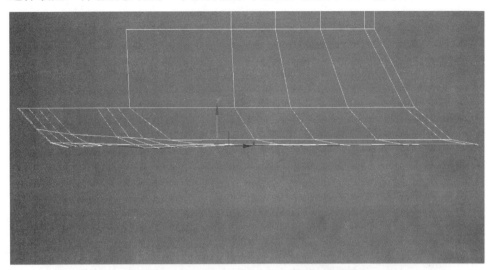

图 3-254　选择顶点，移动到纵向的水平面上

24）耐心调整，需要不停地切换视图来观察模型，如图 3-255 所示。

图 3-255　观察模型

25）调整完毕，使用"对称"以及"壳"修改器，效果如图 3-256 所示。

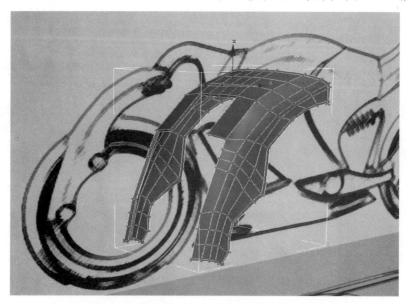

图 3-256　使用"对称"以及"壳"修改器

26）涡轮平滑之后的效果如图 3-257 所示。

图 3-257　涡轮平滑之后的效果

27）创建圆柱连接件装饰，如图 3-258 所示。

28）对应复制出一个圆柱体作为封口，如图 3-259 所示。

图 3-258　创建圆柱连接件装饰

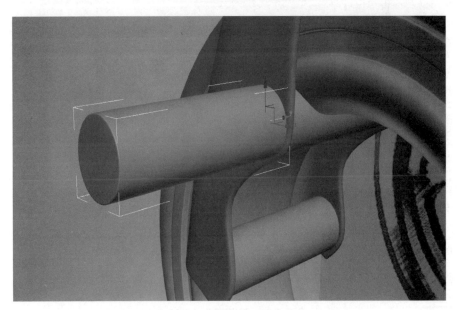

图 3-259　复制出一个圆柱体

29）添加分段数与简单的基础塌陷，增加模型的丰富性，如图 3-260 所示。

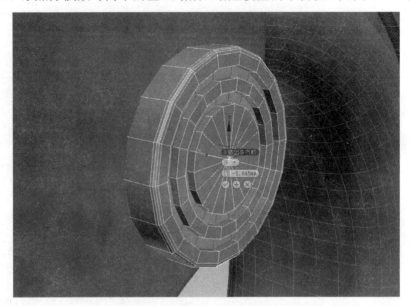

图 3-260　添加分段数与简单的基础塌陷

30）前半部分轮胎制作完毕，如图 3-261 所示。

图 3-261　前半部分轮胎成品

31）直接复制出后轮并根据参考图移动模型使其对应参考图，如图 3-262 所示。

图 3-262　复制出后轮

32）车身的制作需要对应参考图创建多边形，通过挤出、移动等命令调整形状，如图 3-263 所示（可通过本书配套的视频光盘学习对模型细节的调整）。

图 3-263　制作车身

33）通过 Alt+X 快捷键，对应参考图，使车身多边形上的分段线尽量贴合参考图上的模型线，如图 3-264 所示。

图 3-264　车身多边形上的分段线贴合参考图上的模型线

34）删除一半模型，减少任务量，如图 3-265 所示。

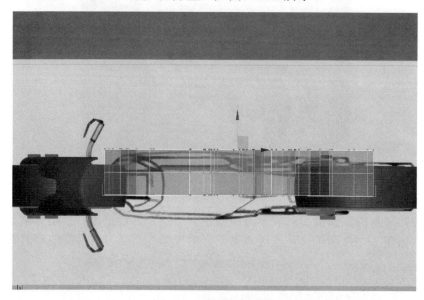

图 3-265　删除一半模型

35）选择车身下半部分，使其分离出来成为新的个体，如图 3-266 所示。

图 3-266　分离出来新的个体

36）应用 Shift 键+移动命令复制出新面，并焊接两侧顶点达到封口的目的，如图 3-267 所示。

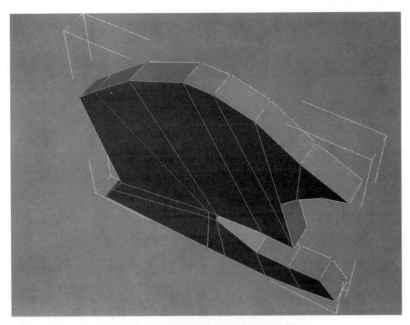

图 3-267　复制新面并焊接两侧封口

37）调整模型上的顶点，使其对应参考图上的模型线位置，如图 3-268 所示。

图 3-268　调整模型上的顶点

38）对左上角顶点进行焊接，如图 3-269 所示。

图 3-269 对左上角顶点进行焊接

39）选择片面，使用倒角命令调整到适合的大小与深度，如图 3-270 所示。

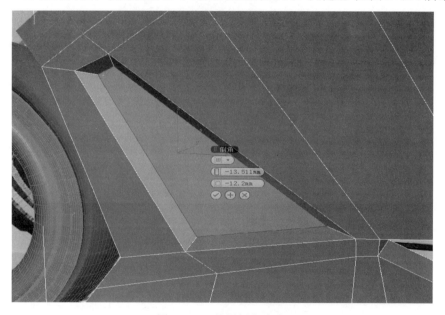

图 3-270 使用倒角命令

40）利用连接命令添加分段线，在这里不使用切角命令，虽然切角很快，但是在平滑之后会造成破面，如图 3-271 所示。

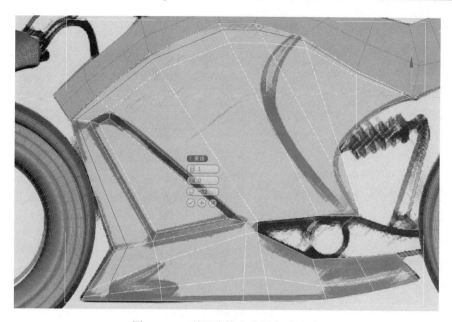

图 3-271　利用连接命令添加分段线

41）对应平面参考图，对剩下的凹陷部分使用倒角，如图 3-272 所示。

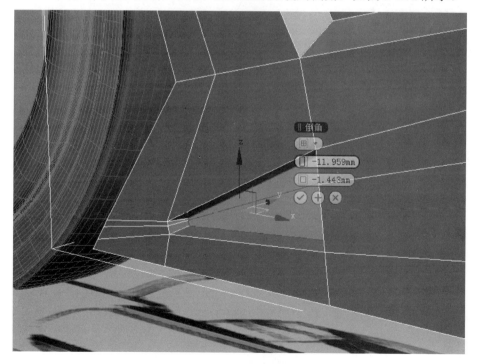

图 3-272　使用倒角

42）后半部分同样使用倒角，如图 3-273 所示。

图 3-273　后半部分使用倒角

43）使用环绕，选择内部边线，并使用连接增加分段线，使模型看上去更加硬朗，如图 3-274 所示。

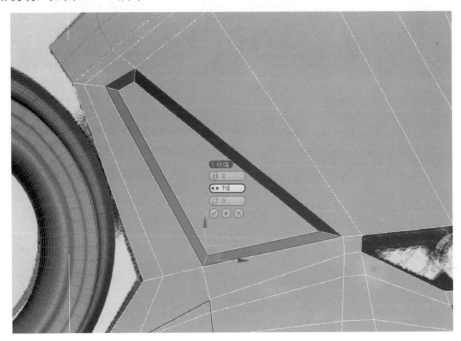

图 3-274　使用环绕，选择内部边线，使用连接增加分段线

44）观察整体车身，继续调整顶点与对应位置直到满意为止，如图 3-275 所示。

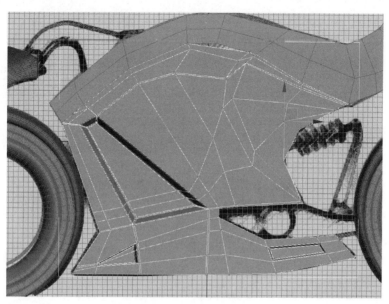

图 3-275　对车身进行微调

45）车身的右上整体部分为一个大大的凹陷，通过调节点的方式将分段线合理布置，如图 3-276 所示。

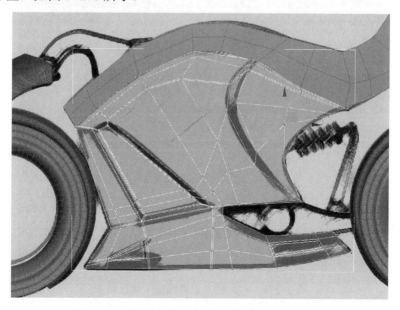

图 3-276　通过调节点的方式将分段线合理布置

46）选择右上整体多边形部分，并使用缩放命令将其缩小形成巨大的凹陷效果，如图 3-277 所示。

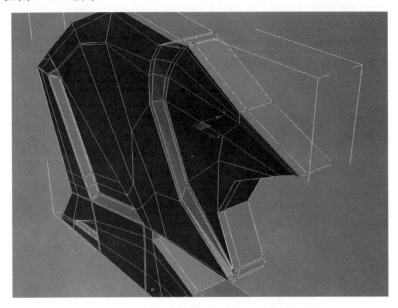

图 3-277　缩小形成巨大的凹陷效果

47）对凹槽的边界线使用切角命令，如图 3-278 所示。

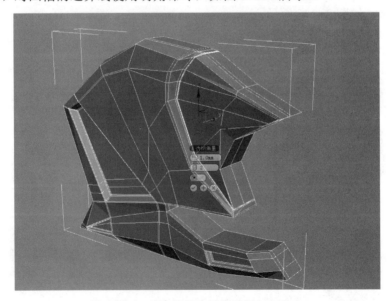

图 3-278　对凹槽的边界线使用切角命令

48）回到正视图，经过涡轮平滑之后，车身的下半部分基本制作完毕，还需要调节局部才能达到更好的效果，如图 3-279 所示。

图 3-279　进行微调

49）通过正视图观察，发现凹槽一直延续到模型顶端，所以要使用相同的方法对上半部车身进行制作，如图 3-280 所示。

图 3-280　对上半部车身进行制作

50）约束平滑效果，对模型添加边界的分段线，如图 3-281 所示。

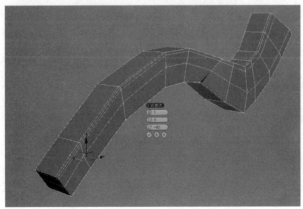

图 3-281　对模型添加边界的分段线

51）根据片面视图上面的参考线，添加模型的分段线，如图 3-282 所示。

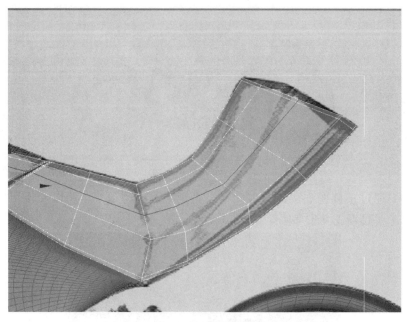

图 3-282　添加模型的分段线

52）车身细节的分段线要通过不断的调节和修改才能完成，如图 3-283 所示（可通过本书配套的视频光盘学习对模型细节的调整）。

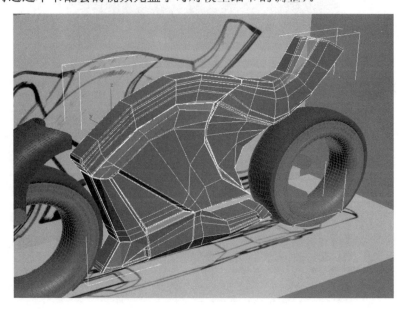

图 3-283　不断调节和修改

53）涡轮平滑后得到的效果如图 3-284 所示。

图 3-284　涡轮平滑后得到的效果

54）前轮与车身的连接处也使用同样的方法，创建矩形 BOX，在多边形建模下对应参考图进行修改，最后完成，如图 3-285 所示。

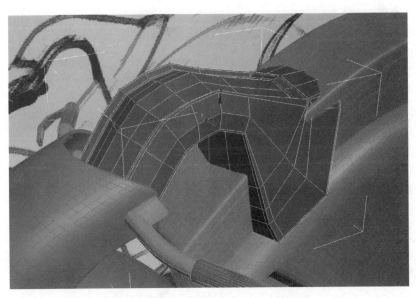

图 3-285　前轮与车身的连接处修改

55）后轮连接处也是同样如此，如图 3-286 所示。

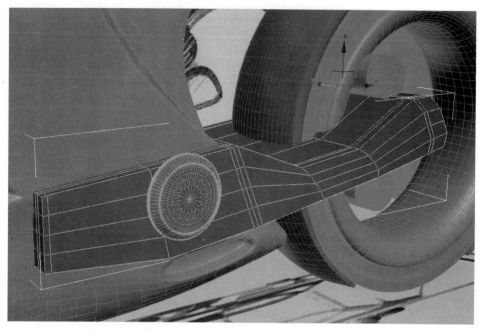

图 3-286　对后轮连接处修改

56）对应参考图并发挥想象力对模型进行丰富，如图 3-287 所示。

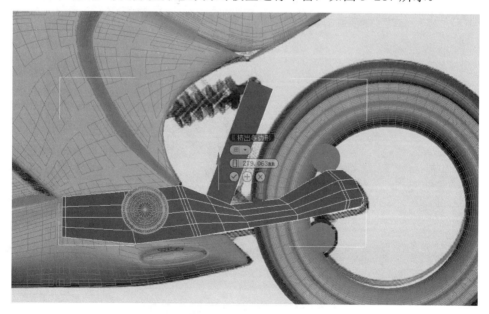

图 3-287　丰富模型

57) 整体效果制作完毕，如图 3-288 所示。

图 3-288　成品摩托模型

3.7　创建玩具模型

下面选取两款动漫人物作为本次的建模教程，一个是《超能陆战队》中的 Baymax（大白），一个是哆啦 A 梦。

3.7.1　"Baymax 大白"模型创建

随着《超能陆战队》的热播，大白也随之大热。下面就一起来完成"大白"的玩具模型制作，如图 3-289 所示。

图 3-289　成品大白模型

1）和之前的模型制作一样，这次从动画中找到适合的画面作为截图（正视图）使用，如图 3-290 所示。

图 3-290　正视图截图

2）同样侧视图也选自动画，如图 3-291 所示。读者也可以通过网络选择更适合的图片作为参考图。

图 3-291　侧视图截图

3）对照正视图，拉伸一个适当的长方体 Box 作为它的身体，如图 3-292 所示。

图 3-292　拉伸一个适当的长方体 Box

4）通过侧视图，将大白的大体形态确定，如图 3-293 所示。

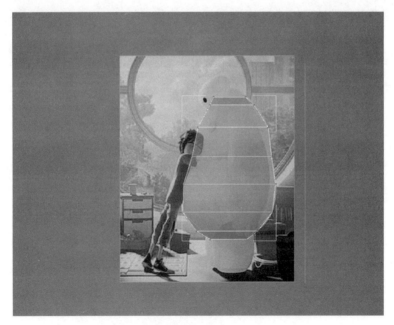

图 3-293　通过侧视图确定大白的大体形态

5）通过正视图完成同样的工作，如图 3-294 所示。

图 3-294　通过正视图，确定大白的大体形态

6）对模型添加涡轮平滑修改器，对照参考图进一步调整模型，如图 3-295
所示。

图 3-295　对模型添加涡轮平滑修改器

7）通过顶视图将身体变得圆润，方法是在多边形建模下选择点，然后应用

缩放、移动命令，如图 3-296 所示。

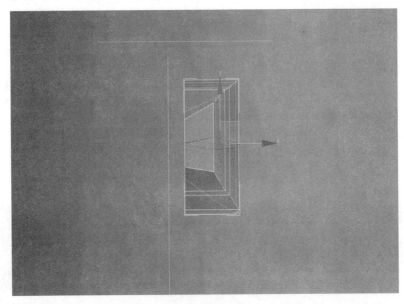

图 3-296 通过顶视图将身体变得圆润

8）对照参考图会发现，大白身上有一些暗色的圆圈装饰，对应参考图将这一部分的轮廓在模型上做出，如图 3-297 所示。

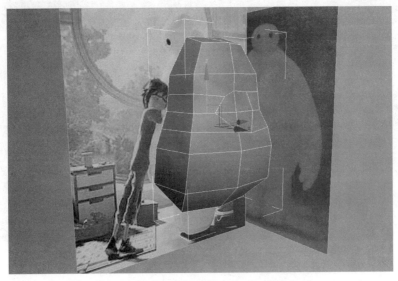

图 3-297 将圆圈装饰物的轮廓在模型上做出

9）这部分有一些局部被挡住了，要靠我们的感觉来调整，这在创建模型过程中是一个很重要的环节，如图 3-298 所示。

图 3-298　进行微调

10）选择图 3-299 所示的面，对其进行一个倒角收缩。

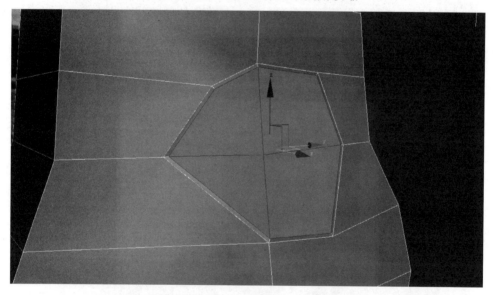

图 3-299　对圆圈装饰物进行一个倒角收缩

11）对手臂的位置进行挤出，产生手臂大体的效果，如图 3-300 所示。

12）由于参考图不够清晰，用线条先勾勒出手臂的大体位置，如图 3-301 所示。

13）根据那条画出的参考线完成手臂调整，如图 3-302 所示。

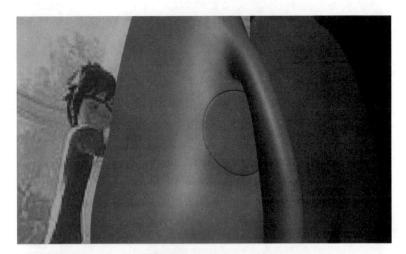

图 3-300　产生手臂

图 3-301　用线条先勾勒出手臂的大体位置

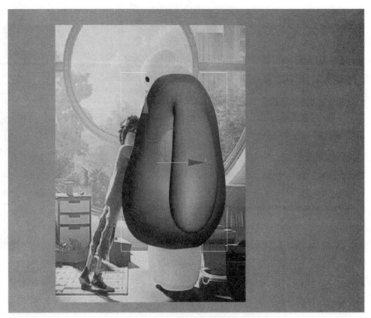

图 3-302　完成手臂调整

14）运用多边形建模命令对模型进行细节上的调整，通过选择顶点并根据三视图调整顶点的位置对模型进行进一步的校对，从而使模型和参考图一致，如图 3-303 所示。

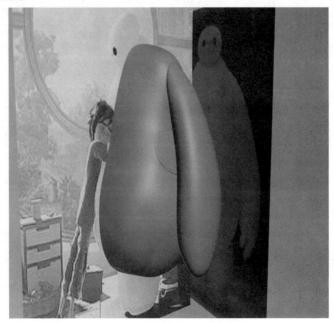

图 3-303　制作大白胳膊

15）用同样的方法，调整出暗色的圆圈装饰物，如图 3-304 所示。

图 3-304 调整出暗色的圆圈装饰物

16）这里的倒角是为了在圆滑之后能在圆圈边界产生一个凹槽增加立体感，也方便打印之后的喷漆或笔涂上色，如图 3-305 所示。

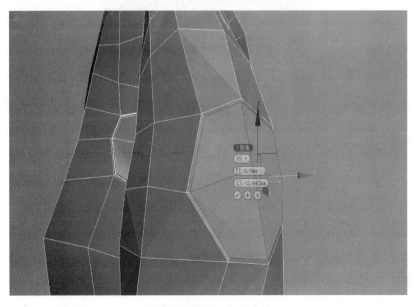

图 3-305 在圆圈边界产生一个凹槽增加立体感

17）头部的制作方法和身体一样，通过三个视图的调整达到效果，要做到平滑，如图 3-306 所示。

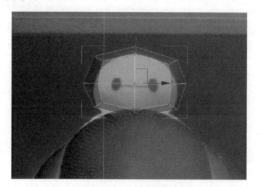

图 3-306　头部制作

18）对应参考图，将眼睛的位置给予平滑修改器，并查看最终效果，如图 3-307 所示。

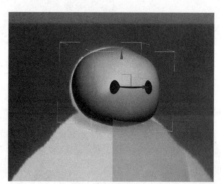

图 3-307　将眼睛的位置给予平滑修改器

19）通过对腿部的布线与调整，选择面并挤出得到腿部，如图 3-308 所示。

图 3-308　制作大白腿部

20）对腿跟进行切角以及加线，通过移动顶点完成凹槽，如图 3-309 所示。

图 3-309　对腿跟进行切角以及加线，移动顶点完成凹槽

21）腿部的圆圈位置通过参考图得到，如图 3-310 所示。

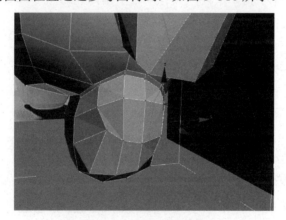

图 3-310　制作腿部圆圈

22）同样的方法，选择这部分的多边形并倒角，如图 3-311 所示。

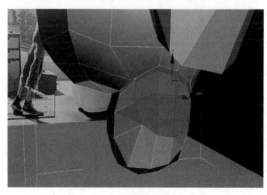

图 3-311　对圆圈做倒角处理

23）做出凹槽并给予平滑后得到最终的效果，如图 3-312 所示。

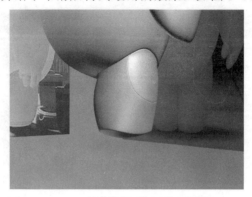

图 3-312　做出凹槽并给予平滑

24）下面制作手指，大白一共有 4 根手指，先对照参考图做出大拇指，如图 3-313 所示。

图 3-313　大拇指的制作

25）这部分大拇指是有指节的，选择增加分段数来约束出指节效果，如图 3-314 所示。

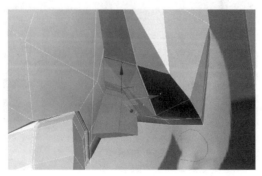

图 3-314　增加分段数约束出指节效果

26）在调整的过程中，可以通过不断地调整正视图与侧视图，来对应好拇指的位置，如图 3-315 所示。

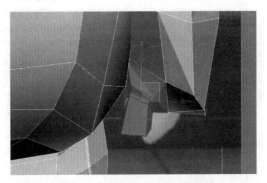

图 3-315　对拇指位置进行微调

27）大拇指制作完毕后，对另外三个手指进行挤出，如图 3-316 所示。

图 3-316　制作另外三个手指

28）对底部增加分段线来约束以后的平滑尺度如图 3-317 所示。这个完全靠经验，读者可在建模中不断总结。

图 3-317　底部增加分段线

29）对照参考图，可以使用线段明确指头的位置以方便观察，最后通过挤出得到后面的三根手指，如图 3-318 所示。

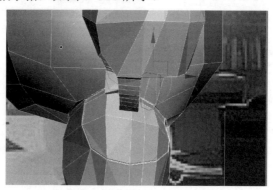

图 3-318　通过挤出得到后面的三根手指

30）手指制作完毕后，一个大白基本完成，如图 3-319 所示。

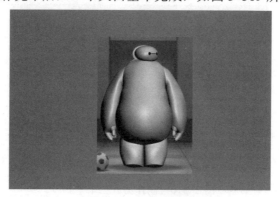

图 3-319　半成品大白

31）胸前芯片槽的制作，创建一个顶面无线段圆柱，并对应参考图通过切割命令对其布线，如图 3-320 所示。

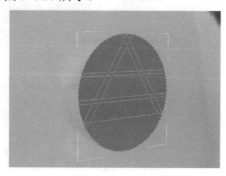

图 3-320　创建一个顶面无线段圆柱并布线

32）选择对应的多边形进行挤出，得到芯片槽，如图 3-321 所示。

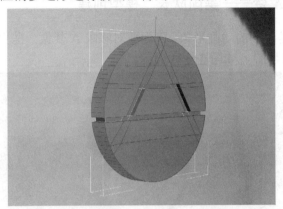

图 3-321　选择多边形进行挤出，得到芯片槽

33）对其进行进一步的调整，对外围进行切角得到一个立体感更强的芯片槽，并通过旋转、移动命令放置至胸前，如图 3-322 所示。

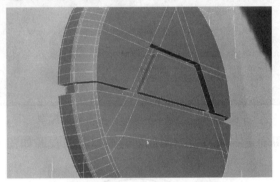

图 3-322　进一步调整芯片槽

34）最终效果完成，如图 3-323 所示。

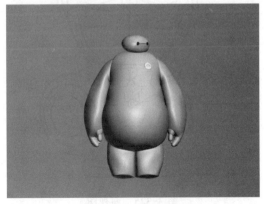

图 3-323　成品大白

3.7.2 "哆啦 A 梦——美国队长"模型创建

哆啦 A 梦是经典的动画形象，下面要对哆啦 A 梦做一些更改，创造一款美国队长形象的机器猫，如图 3-324 所示。

图 3-324　多啦 A 梦——美国队长模型

1）将三视图确定，以方便准确地创建模型，前视图如图 3-325 所示。

图 3-325　前视图

2）确立模型后视图，如图 3-326 所示。

图 3-326　后视图

3）确立侧视图，如图 3-327 所示。

图 3-327　侧视图

4）创立参考图片面，如图 3-328 所示。

5）利用矩形命令，创建一个矩形 Box 并为其增加分段数，对应参考图在可编辑多边形下，对模型进行拖拽调整，如图 3-329 所示。

图 3-328 参考图片面的创立

图 3-329 创建一个矩形 Box，增加分段数

6）完毕后给予模型一个涡轮平滑修改器，并对应参考图调整到合适大小，如图 3-330 所示。

7）删除一半的模型，以便减少工作量和难度，如图 3-331 所示。

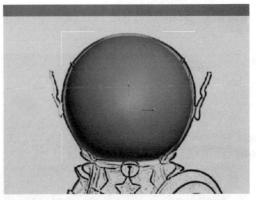

图 3-330　给予模型涡轮平滑修改器

图 3-331　删除一半的模型

8）使用复制以及缩放命令复制出一个稍大的圆球作为头盔，并通过对应参考图和可编辑多边形功能进行分段数的增加和调节顶点位置，确立模型后，对这部分添加壳修改器，完成效果如图 3-332 所示。

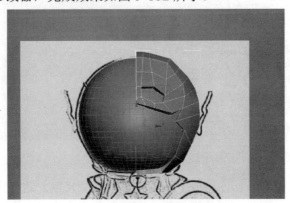

图 3-332　复制出头盔并进行编辑

9）根据参考图的提示，对模型细节添加连接命令，约束以后的平滑效果，如图 3-333 所示。

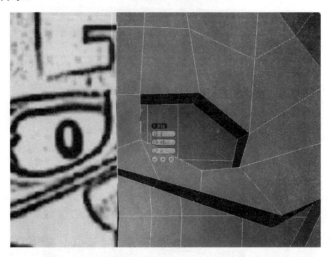

图 3-333　对模型细节添加连接命令，约束以后的平滑效果

10）删除内面，如图 3-334 所示。为了以后的焊接，让头部变成一个整体。

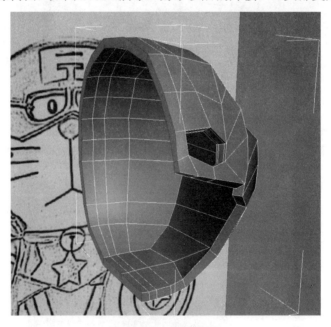

图 3-334　删除内面

11）继续对模型添加连接命令，约束模型平滑尺度。这一步骤很重要，否则模型不会硬朗，切记不能使用切角，因为切角会产生三角面而造成不可挽回

的后果，如图 3-335 所示。

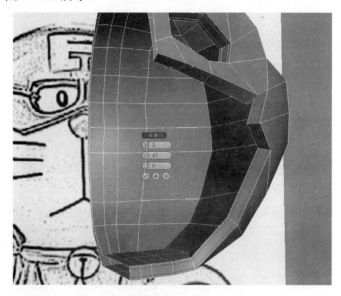

图 3-335　继续对模型添加连接命令，约束模型平滑尺度

12）在侧视图，对应模型以及参考图，通过移动命令调节顶点达到所需效果，如图 3-336 所示。

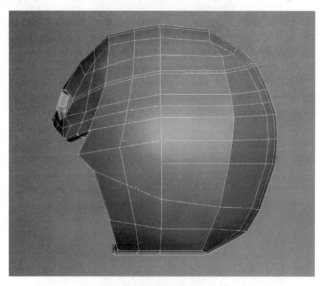

图 3-336　通过移动命令调节顶点

13）注意在调节的过程中，不能只顾及一个坐标轴，毕竟这不是一个 2D 软件，需要通过对应参考图调整各个轴向的位置，以达到最佳效果，如图 3-337 所示。

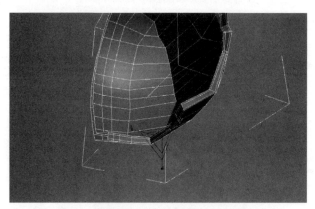

图 3-337　调整各个轴向的位置以达到最佳效果

14）对头盔添加涡轮平滑命令，效果如图 3-338 所示。

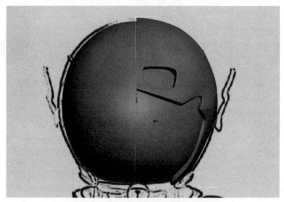

图 3-338　对头盔添加涡轮平滑命令

15）对应参考图，对头盔进行切割，运用切割命令切出新的线，使头盔增加更多的细节，如图 3-339 所示。

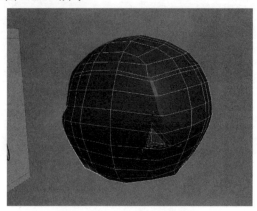

图 3-339　对头盔进行切割

16）选择划分好的线条，如图 3-340 所示。

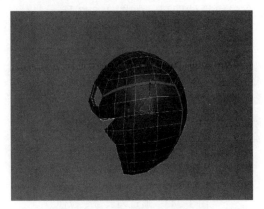

图 3-340　选择划分好的线条

17）挤出多边形，达到头盔棱线效果，如图 3-341 所示。

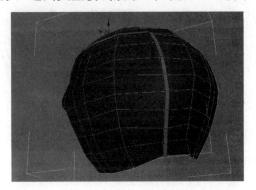

图 3-341　挤出多边形，达到头盔棱线效果

18）头盔效果完成，如图 3-342 所示。

图 3-342　头盔效果完成

19）对应参考图制作眼睛，在右侧菜单栏里选择标准基本体，创建球体并通过 X 轴的缩放命令向内拉伸即可，如图 3-343 所示。

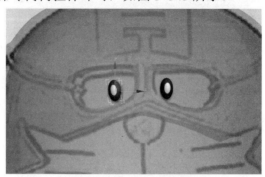

图 3-343　通过缩放命令拉伸

20）对脸部胡须线条也用同样方法，这里没什么难度，细心地对应好参考图即可，如图 3-344 所示。

图 3-344　制作脸部胡须

21）利用矩形 Box 命令，通过可编辑多边形进行头盔上数字 A 的制作。可编辑多边形根据正视图创建一个 Box，如图 3-345 所示。

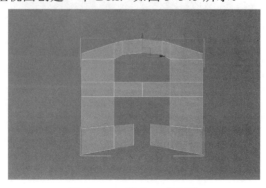

图 3-345　数字 A 的制作

22）选择好对应的位置，如图 3-346 所示。

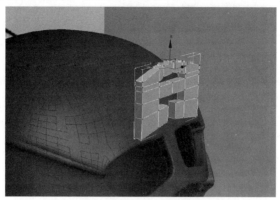

图 3-346　选择对应的位置

23）通过对应顶点的平移，将字母 A 附加到头盔上，如图 3-347 所示。

图 3-347　将字母 A 附加到头盔上

24）利用相同的方法，制作头盔上的装饰物，如图 3-348 所示。

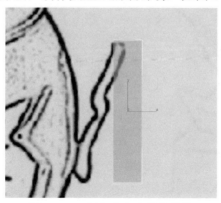

图 3-348　制作头盔上的装饰物

25）通过参考图得知，大约需要五段分段线，如图 3-349 所示。

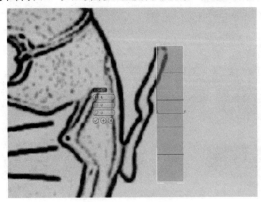

图 3-349　五段分段线

26）在可编辑多边形下调节对应位置，如图 3-350 所示。

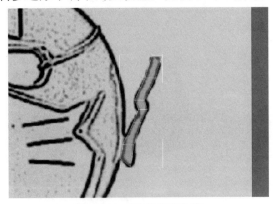

图 3-350　调节对应位置

27）同样在侧视图中继续调节位置，如图 3-351 所示。

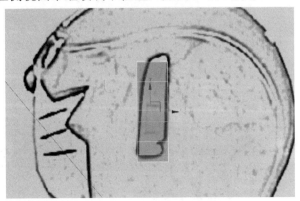

图 3-351　继续调节位置

28）调整完毕后对此物体进行连接约束，然后给予涡轮平滑达到图上效果，如图 3-352 所示。

图 3-352　涡轮平滑达到图上效果

29）接下来对应参考图进行身体的制作，如图 3-353 所示。

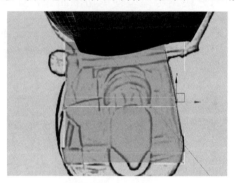

图 3-353　身体的制作

30）由于没有身体局部的顶视图，只能根据几个视图的提示和正常模型的走向来分析出身体的大概形状，这一点在建模中也很重要，如图 3-354 所示。

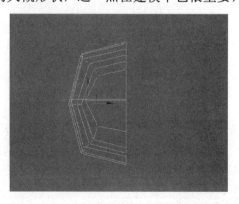

图 3-354　分析身体大概形状并进行制作

31）跟头盔制作一样，需要根据参考图并调节对应的顶点来确立模型，如图 3-355 所示。

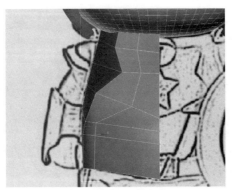

图 3-355　根据参考图并调节对应的顶点来确立模型

32）根据参考图的分块，对模型使用切割命令，如图 3-356 所示。

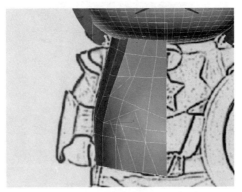

图 3-356　对模型使用切割命令

33）切割后选择对应的分块，将它们一块一块的挤出，对每一个块进行连接，增加分段数以约束，并对完成的模型对应参考图进行最后的调整，如图 3-357 所示。

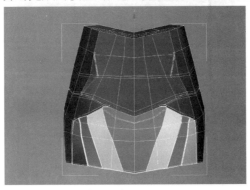

图 3-357　挤出对应分块，增加分段线

34）对于手臂的制作，其实非常的简单，只是 Box 添加分段数，对应参考图调节形状，最后再添加涡轮平滑即可，如图 3-358 所示。

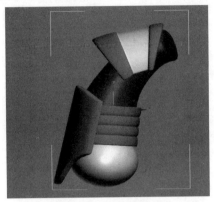

图 3-358　手臂的制作

35）盾牌的制作也是同样如此，只是从 Box 变成了圆柱，在参数里调整为四段，在点的层级下调整弧度就可以了，如图 3-359 所示。

图 3-359　盾牌的制作

36）腿部以上制作完毕，如图 3-360 所示。

图 3-360　腿部以上制作完毕

37）腿部的制作和之前的步骤几乎完全相同，只不过在褶皱处需要着重处理一下而已，如图 3-361 所示。

图 3-361　着重处理褶皱

38）调整对应参考图，如图 3-362 所示。

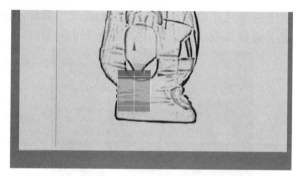

图 3-362　调整对应参考图

39）对应参考图不是唯一的标准，如果有更多的细节图，也可以通过细节图来参考调整；如果没有，那么脑海中要时刻清醒地知道物体的形态，如图 3-363 所示。

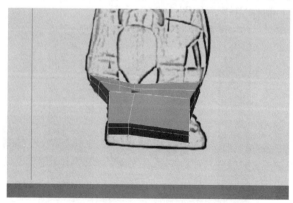

图 3-363　进行微调

40）大体调整完毕后，要回到透视图下对细节继续调整，如图 3-364 所示。

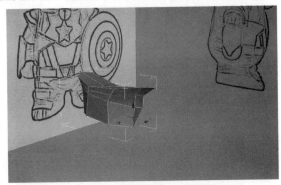

图 3-364　细节调整

41）有时候参考图不能表达出所有细节，所以需要在透视图下根据自己的创意去发挥，如图 3-365 所示。

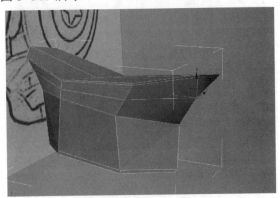

图 3-365　再次微调

42）对于褶皱的制作，需要对模型增加更多的分段数，如图 3-366 所示。

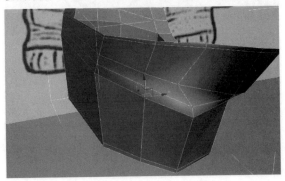

图 3-366　对褶皱增加分段数

43）调节分段线上的顶点，使线条发生前后或者叠压的关系，如图 3-367 所示。

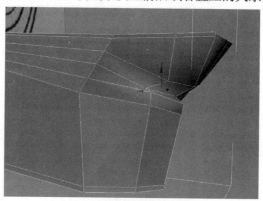

图 3-367　调节分段线上的顶点

44）添加涡轮平滑之后就可看到褶皱的效果了，如图 3-368 所示。

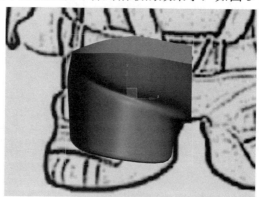

图 3-368　对褶皱添加涡轮平滑

45）这里的褶皱不是很复杂，不需要做过多的调整，如图 3-369 所示。

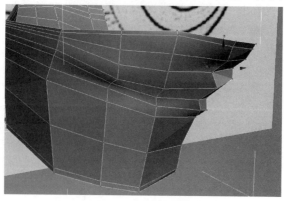

图 3-369　调整褶皱

46）在平滑修改器下，继续修改模型，如图 3-370 所示。

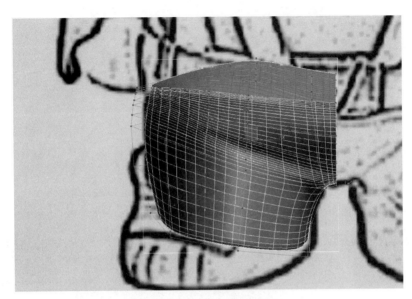

图 3-370 继续修改模型

47）腿部背面的部分也是一样的，根据参考图会发现这里需要的分段数明显多过前部，如图 3-371 所示。

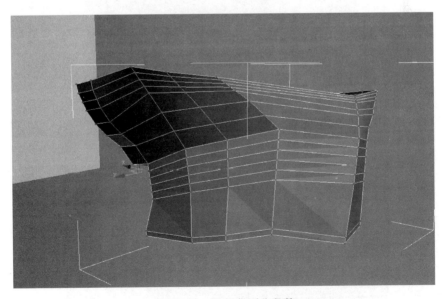

图 3-371 腿部背面分段数

48）通过边线上的顶点使其发生叠压或者前后关系，如图 3-372 所示。

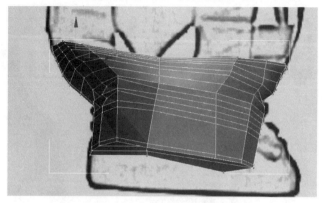

图 3-372　通过边线上顶点使其发生叠压或者前后关系

49）清晰的褶皱制作完毕，如图 3-373 所示。

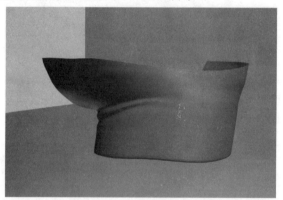

图 3-373　褶皱制作完毕

50）最后通过复制对称、焊接命令完成整个腿部，如图 3-374 所示。

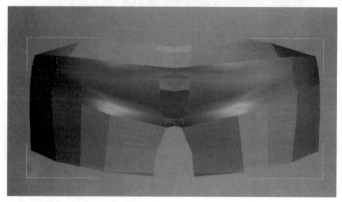

图 3-374　用复制对称、焊接命令完成整个腿部

51）若细节并不是十分准确，需要继续进行调整，如图 3-375 所示。

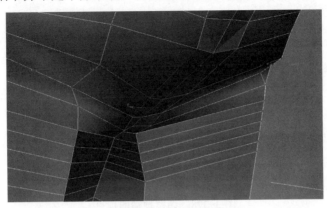

图 3-375　进行微调

52）调整好的短裤如图 3-376 所示。

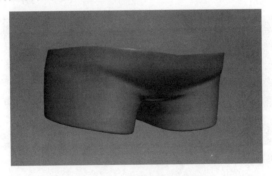

图 3-376　调整好的短裤

53）取消对其他部分的隐藏，会发现腿部跟身体并没有完全的契合，如图 3-377 所示。

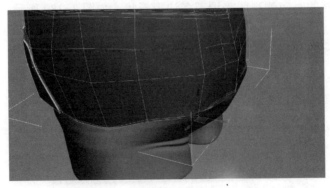

图 3-377　腿部跟身体没有完全契合

54）通过调整顶端的顶点来对应身体尺寸，如图 3-378 所示。

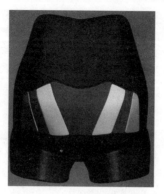

图 3-378 调整顶端的顶点

55）关于脚的制作，相信读者通过对以上部分的制作已经没有什么障碍了，如图 3-379 所示。

图 3-379 脚的制作

56）同样的对应侧视图来调节多边形形状，如图 3-380 所示。

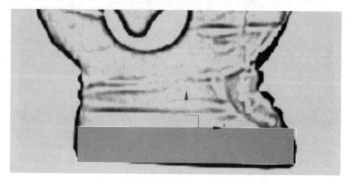

图 3-380 对应侧视图来调节多边形形状

57）对应参考图，将最后的多边形脚部进行确立，如图 3-381 所示。

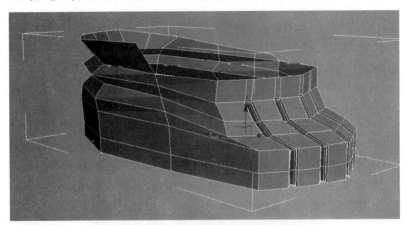

图 3-381　对应参考图，确立多边形脚部

58）用同样的方法制作鞋舌头以及腰带，如图 3-382 所示。

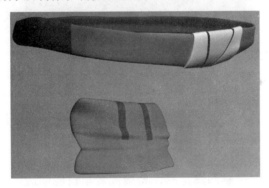

图 3-382　制作鞋舌头以及腰带

59）最后将一侧复制对称，做出最终效果，如图 3-383 所示。

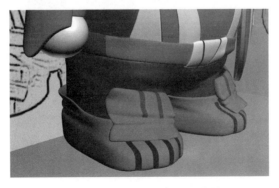

图 3-383　复制对称，做出最终效果

60) 一只美国队长外形的哆啦 A 梦制作完毕了, 如图 3-384 所示。

图 3-384 美国队长外形的哆啦 A 梦成品

通过对本章的学习, 相信读者已经对 3ds Max 有了一个由浅入深的了解, 任何一款软件的学习都需要经常练习的, 并不是一上手就能运用, 希望读者在本书的启示下举一反三不断练习, 从生疏到熟练运用, 这是一个漫长的过程。毕竟对于绝大多数人来说建模是枯燥的, 是乏味的, 但当你把漂亮的模型实现的时候, 会有一种自豪感和满足感, 希望读者早日能创造出属于自己的优质模型并将其打印出来。

第 4 章　3D 打印过程详解

4.1　3D 打印材料

4.1.1　多种多样的 3D 打印材料

基于不同技术原理的 3D 打印机有不同的打印方法，不同原理的 3D 打印机选用的材料也不相同，不同材料对最终成型质量、模型外观和精度都有影响，也决定了打印模型的用途。

1）熔融成型技术（FDM）的 3D 打印机通常使用价格较为低廉的 ABS 或 PLA 材料，光固化成型的 3D 打印机（SLA、DLP 等）通常会选用光敏树脂材料，如图 4-1 所示。

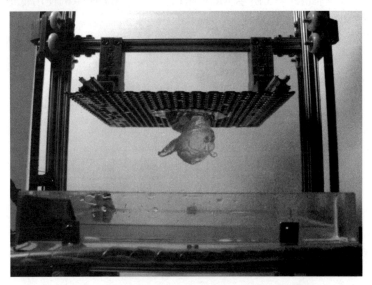

图 4-1　光固化原理 3D 打印机使用光敏树脂打印

2）激光烧结技术（SLS）的 3D 打印机通常使用的材料有钛合金（或其他金属，例如金和银）、石膏（类石膏粉末，能实现全彩打印）、尼龙等，如图 4-2

所示。

图 4-2　激光烧结技术 3D 打印机的多材料打印

3）使用 3D 喷射技术的 3D 打印机材料就有更多选择了，例如橡胶，有韧性的、多种颜色的，甚至透明的。

4）使用 LOM 技术成型的 3D 打印机主要使用 PVC 和纸张（纸张还可以实现全彩打印）。例如图 4-3 所示 Mcor IRIS 公司的 3D 打印机使用低成本的普通纸张作为打印材料。

图 4-3　Mcor IRIS 公司的 3D 打印机使用纸张作为原料打印的模型

5）随着可供打印使用的材料的不断拓展，3D 打印也逐渐具备了制作坚固成品的可能。这是 3D 打印技术一个质的飞跃。从 2011 年开始，钛合金和不锈钢材料的使用，使波音公司开始用这种技术直接打印飞机机翼，当然这种 3D 打印机的体型和价格都超越一般的 3D 打印机。

6）类似奶油那样黏稠度的食用材料都可用于 3D 打印，比如巧克力、奶酪、糖等，食品 3D 打印机通过注射器式的挤出喷头实现打印，如图 4-4 所示。

图 4-4　使用食用材料打印的食品 3D 打印机

7）目前，仅 Objet 一家公司已经可以使用 14 种基本材料并在此基础上混搭出 107 种材料，两种材料的混搭使用、上色也已经成为现实。只是这些材料的价格便宜的要几百块（人民币）一公斤，最贵的要 4 万元左右一公斤。

8）为提高制造业竞争力，日本政府已经启动了使用砂子材料，可制作砂模的高性能 3D 打印机的国家项目。

9）各种性能的线材，如具有磁性的线材、可导电的线材、仿木质线材、弹性线材、类似混凝土的坚硬材料、用于生物 3D 打印的特殊墨水等，这些线材适用于不同的应用领域，展现其材料的特色。3D 打印的材料随着 3D 打印技术的发展以及材料的发现与开拓不断增多，编者认为，不远的未来将会出现多种材料通用的多功能复合 3D 打印机。

4.1.2　常用 3D 打印材料选择

本书中采用桌面级 FDM 3D 打印机，因此，打印材料选择常见的 ABS 和 PLA，打印材料以线的形式出现，一般又被称为线材或打印耗材。

1. ABS 和 PLA 的特点

（1）ABS 的特点　ABS 成型性好，强度大，是比较好的打印材料。

1）ABS 的打印温度为 210～240℃，一般厂家会有温度指导范围，购买材料时要注意这一点，也可以调试多次来确定打印机的最适合温度，加热板的温度为 80℃以上。

2）ABS 的玻璃转化温度（材料开始软化的温度）为 105℃。ABS 容易打印，无论用什么样的挤出机，都会滑顺地挤出材料，不必担心堵塞或凝固。

3）具有遇冷收缩的特性，一般第一层会从加热板上局部脱落、悬空，造成打印件起翘。若打印的物体高度很高，有时还会整层剥离。因此，ABS 打印不能少了加热板。此外，建议使用密闭式的打印机，也别在室温太低的房间打印，防止材料冷却，导致收缩。

4）打印时会产生强烈的气味，尽量在通风良好的房间里打印，并且远离正在打印的打印机。

（2）PLA 的特点　这种材料使用植物（如玉米）制作而成（图 4-5），价格低廉、绿色环保、无毒，由于有良好的生物可降解性，使用后能被自然界中的微生物完全降解，最终生成二氧化碳和水，不污染环境，打印时无刺激性气味，味道像爆米花一样，这是相比较 ABS 而言非常重要的优点，适合学校等需要普及 3D 打印的场合。

1）PLA 的打印温度为 180～220℃。虽然加热板非必备品，但是建议大家在 60℃时使用加热板。

图 4-5　以玉米为原料的 PLA 材料

2）PLA 的玻璃转化温度仅有 60℃左右，编者曾经打印的车载手机架，放在车里就融化变形了。

3）PLA 不像 ABS 那样出丝顺滑，经常会堵塞热端（尤其是全金属制的热端更是如此）。这是因为 PLA 熔化后容易附着和延展。可在打印前，滴一滴油到热端（挤出头）上，就能滑顺不堵塞，长时间在甘甜的香气中打印。

4）在打印过程中几乎不会收缩，即使是开放式的打印机，也能打印巨大的物体，不必担心打印成品从加热板子上面悬空、歪斜或破损。适合在公共场所，甚全开放的空间做 3D 打印展示。

2. 打印材料线径

市场上常见的 3D 打印机所用打印材料的直径为 1.75mm 或者 3mm。购买之前先确定自己打印机的适用范围。

有些机器对打印材料线径要求比较严格，而好的材料可以把直径严格控制在±0.02mm。3D 打印机 90%的问题都出在堵喷嘴，杂质和凸点会使线材直径大于喉管容纳范围导致喷嘴的堵塞，而线材堵喷嘴有 85%的问题是出在线径大于喉管尺寸卡死，因此选择材料时要从多个厂家购买试用，找到适合自己 3D 打印机的材料。

3. 如何选择质量好的线材

（1）肉眼观察　仅凭外在条件来判断线料质量。

1）打开密封后，观察线材是否存在色差。

2）观察线材内部是否存在微小的气泡。

3）观察材质的色泽是否均匀。一般情况下色泽不均匀，说明线材在生产时就发生了部分变化。

4）线材是否有黑色或其他颜色的斑点。

（2）精度

1）用手感测试精度，拉开 1～2m 长的线材，用大拇指和食指轻轻地夹住线材，然后慢慢地拉动线材。如果线材存在粗细不均匀或表面不光滑，手是很容易感知到的。

2）采用仪器测试，用带有数显的游标卡尺来测量其是否在控制的公差范围内。测量方式是在 1～2m 的长度内测量，测试线径的公差是否均匀；在每个测试点，旋转一周测量 3～4 个圆周的范围，主要测量线材是否"圆"，检测线材的直径是否控制有效。

（3）打印过程观察

1）观察基板（与平台铺底的第一层）打印线条的均匀度。一般的 3D 打印机在打印开始都要做基板，观察喷头在基板上的均匀程度。一般情况下，如果打印的比较均匀，那么线材精度控制在范围内。

2）听声音判断。线材在正常运行中通过齿轮进料的装置，基本不会发出声音，如果线材不均匀，那么会发出"吭吭"的齿轮摩擦声音。

3）观察线材在打印中内部结构的均匀程度，出料是否存在气泡、斑点等问题。

4.2　3D 打印文件相关知识

类似于音乐有标准的 MP3 格式文件，图片有 JPEG 格式文件，3D 打印领域也有标准文件格式，即 STL 文件（标准三角语言）。

3D 打印机都可以接收 STL 文件格式进行打印，导出或保存 STL 文件后，所有表面和曲线都会被取代并转换成网格。网格由一系列的三角形组成，代表设计原型中的精确几何含义。

使用 STL 文件将对构建高质量模型发挥很大作用，很多三角形的面可以表现流畅的曲线，这需要导出高分辨率的 STL 文件。

4.2.1　3D 打印文件 STL 的导出

在第 3 章中得知，很多 3D 设计软件都可以用来设计三维模型，重要的是要输出或者转换成 STL 格式。建模软件 3ds Max 导出 STL 格式非常简单，步骤如下：

1）单击"File"（文件）→ "Export"（导出），如图 4-6 所示。

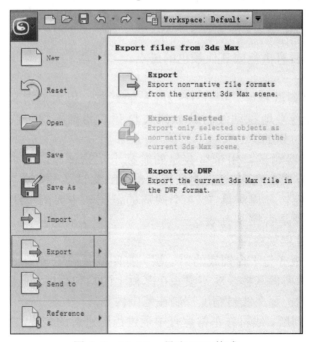

图 4-6　3ds Max 导出 STL 格式

2）在下拉菜单中找到 STL 后缀的格式，命名文件并单击"保存"，如图

4-7 所示。

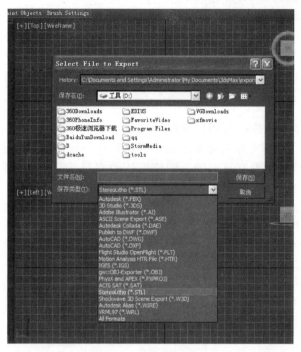

图 4-7　保存 STL 文件

3）在出现的窗口中，选"Binary"（二进制），把下面的"Selected only"前面的对号选上，单击"OK"，就成功导出 STL 文件，如图 4-8 所示。以建立好的模型"哆啦 A 梦"为例，将其导出为"哆啦 A 梦.STL"。

图 4-8　导出 STL 文件设置

另一类就是工程类软件，例如在 SolidWorks 软件中导出步骤如下：

1）单击"File"（文件）→ "Save As"（另存为），选择文件类型为 STL。

2）单击"Options"（选项）→ "Resolution"（品质）→ "Fine"（良好）→ "OK"（确定）。

4.2.2 适合打印的 STL 文件

STL 文件是否能成功打印，需要满足以下几点要求：

（1）水密 STL 文件需要水密后才可以进行三维打印。水密最好的解释就是设计的模型是封闭没有孔洞的。即使设计的模型已经创建完成，很有可能在模型中仍存在没有被留意的小孔，这样的模型无法被打印出来，如图 4-9 所示。

图 4-9　封闭模型和不封闭模型对比

（2）模型必须为流形（Manifold） 简单来说，如果一个网格数据中存在多个面共享一条边，那么它就是非流形的（Non-Manifold）。如图 4-10 所示，两个立方体只有一条共同的边，此边为四个面共享，这个模型无法进行打印。

图 4-10　非流形模型无法打印

（3）正确的法线方向　模型中所有的面法线需要指向一个正确的方向。如果模型中包含了错误的法线方向，3D 打印机就不能判断出是模型的内部还是外部，如图 4-11 所示。

法线反了

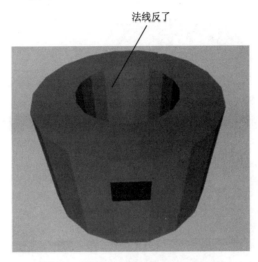

图 4-11　法线相反的模型无法打印

（4）层厚度　3D 打印工艺都有各自的规格限制，其中一项就是机器所打印的层的厚度。如果在设计中存在精细到 0.01mm 的细节，而 3D 打印机的精度只有 0.1mm，3D 打印机会自动忽略它，无法打印成功。

（5）壁厚　3D 打印设计时的模型表面不能像面片一样薄的没有厚度，因为打印的模型为实体，在计算机中可以没有厚度，但在 3D 打印机打印过程中，没有厚度的数据模型不会被打印。

（6）修复 STL 错误　如果导出的 STL 文件的设计文件存在错误，那么 3D 打印机会报告"错误"。机器在建模的过程中遇到问题文件会崩溃并停止建模，这时文件截面已损坏，从而导致打印失败。

1）为了避免导出的 STL 文件在打印机软件里面产生错误，可以使用 netfabb 软件修复。例如，把"多啦 A 梦"STL 文件拖到 netfabb 界面，单击右键，在弹出的右键菜单里单击"导出模型"→"STL"，如图 4-12 所示。

如果文件有错误，会有修复菜单弹出，单击"修复"按钮并选择"输出"，如图 4-13 所示。

2）3ds Max 本身带有修改器，主要用于验证对象是否为完整且闭合的曲面，从而为导出 STL 文件做准备。检查过程为选择要检查的对象，在"修改"面板上，从"修改器列表"下拉菜单中选择"STL 检查"，一共有 5 种错误类型，可以选择"全部"，然后启用"检查"选项。最下面的"状态"组中的消息就会提示模型文件有没有错误，如图 4-14 所示。

图 4-12　导出模型为 STL

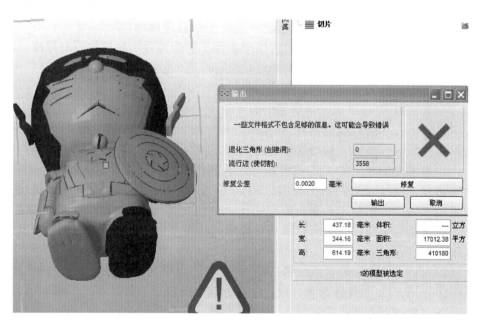

图 4-13　netfabb 软件修复"哆啦 A 梦.STL"界面

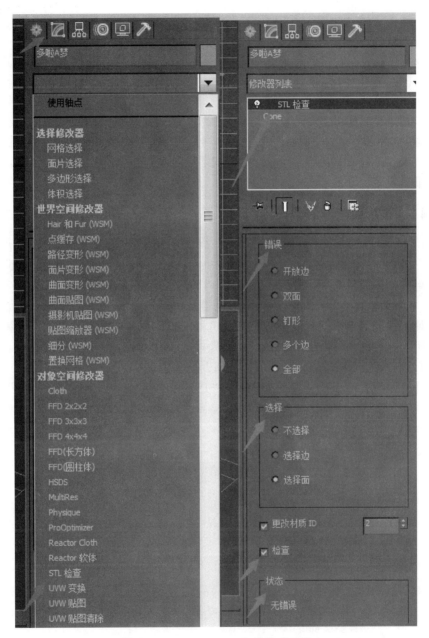

图 4-14　3ds Max STL 文件检查功能

3）另一个强大的 STL 应用软件 Magics，可以按照想象的效果来精确修复和操作 STL 文件。Magics 可以修复漏孔和坏边，联合两个布尔型的固体，倒置三角形的法线，创建壳结构或其他特点的固体。

4.3 3D 打印机软件设置

我们已经有了合格的三维数据文件 STL，这些数据格式的文件要经过打印机的上位机，也叫转码软件，或者切片软件，经过设置后生成 GCode 代码，指导打印机一层层的打印。因此，软件决定了模型的打印位置、打印方式、打印速度、精度和支撑等细节。

每款 3D 打印机都有自己的上位机软件，Cura（Ultimaker 公司设计的）非常有代表性，它使用方便、简洁，具备模型的打印层高、速度、填充密度、支撑等细节设定，还有模型打印位置摆放、旋转、尺寸调整等功能。

4.3.1 Cura 切片软件详解

1）进入 Cura 开始界面，进行机器选择，选择"其他"，如图 4-15 所示。

2）例如使用 Prusa i3 进行打印，可以直接选择 i3 的选项。如果想要自己设定更多的项目，选择"Custom…"个性设定，如图 4-16 所示。

3）如果是自己组装的机器，可以设定打印机的尺寸，改变喷嘴大小，还有是否使用热床等选项。此处注意，有些机器的打印初始中心是有差异的，因此，这些机器打印时用 Cura 切片，会发现模型偏移的现象，如图 4-17 所示。

4）进入 Cura 主界面后，如图 4-18 所示。选择 "快速设定"模式，选择"选择打印模式"下的"高质量打印""正常效果打印""快速低质量打印"三种模式中的一种，再选择打印"材料"，然后填一下打印材料的直径，一般为 1.75mm 或者 3mm，就可以生成 GCode。下面的"打印支撑"选项是为有悬空部分的模型打开支撑功能。

图 4-15 Cura 软件开始界面

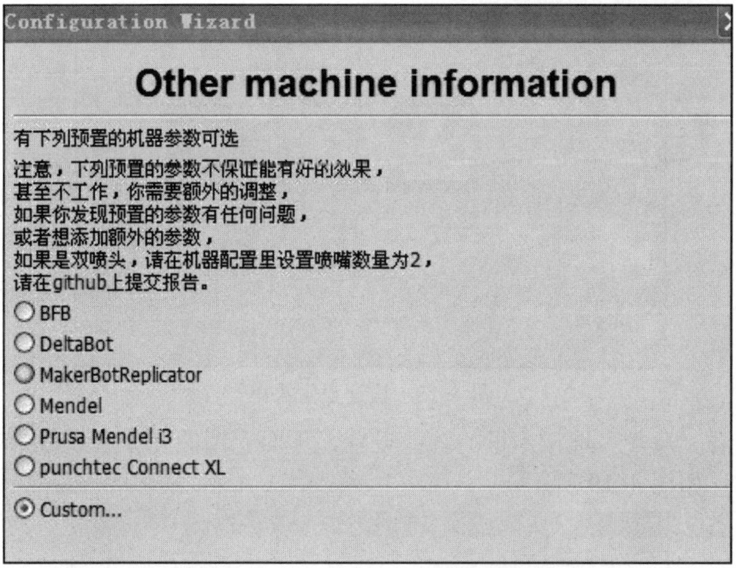

图 4-16　设定自己的机器类型

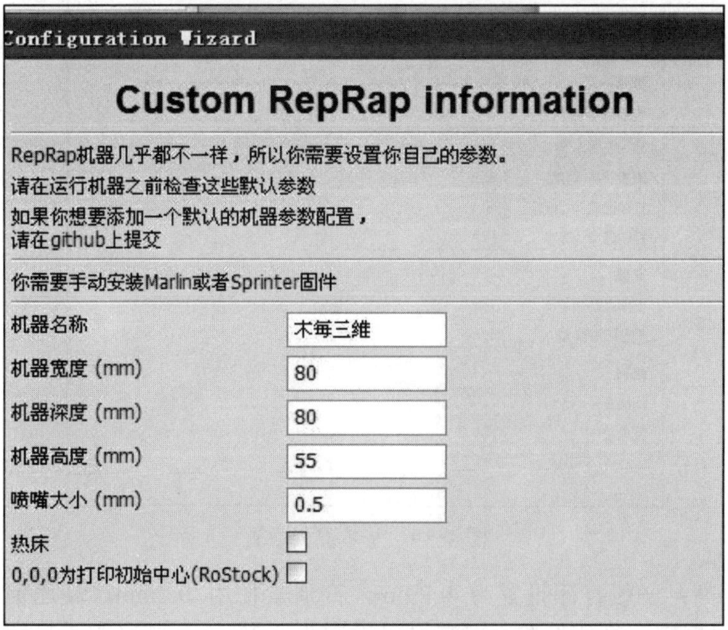

图 4-17　机器初始位置设定

5）切换到完整模式的基本界面后，左边工具栏有可以修改的参数，鼠标放到数值栏的时候，会有信息自动提示。基本界面的功能设置对模型质量影响较大，应用较多，在 "4.4.4 打印精度控制" 将详细介绍。

图 4-18　快速设定菜单

首先看"质量"选项卡里的功能设置，下面介绍的几个选项最为常用，也非常关键，如图 4-19 所示。

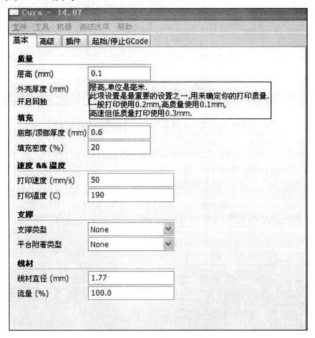

图 4-19　基本界面设置

① 层高：一般打印设置为 0.2mm，高质量使用 0.1mm，高速但低质量用 0.3mm。根据实际打印经验，层高可以设置为 0.25mm，既照顾了打印时间又保证了打印精度。

② 外壳厚度：打印壁厚通常设置成 2mm 或者 3mm，打印要求强度的结构件大多使用 3mm 壁厚。

③ 底部/顶部厚度：一般为喷头的整数倍。

④ 填充密度：一般不选择 100%填充和 10%以下，20%左右的填充比较合适。

⑤ 打印速度：实际打印过程中，大多设置成 30%～50%的打印速度，不建议 100%的打印速度。

⑥ 打印温度：根据打印材料来设定温度，常用的 PLA 在 180～220℃，ABS 的打印温度为 210～240℃。

⑦ 支撑类型：有三个选项，分别是无支撑、外部支撑和完全支撑。打印模型没有悬空，选择无支撑；外部有悬空的部分，选择外部支撑；选择完全支撑，软件会自动填补所有空隙。

⑧ 平台附着类型：决定了模型与加热平台的接触面积，用来防止打印件翘边，三个选项分别是：没有底层；在打印物体周围增加很厚的底层，容易从底板剥离；在打印物体增加一个厚的底层同时又增加一个薄的上层。

6）在"高级"选项卡中还有一些功能，比如"回抽"功能，用来防止拉丝、速度的一些调节、冷却的设置等，软件都有相应提示，如图 4-20 所示。

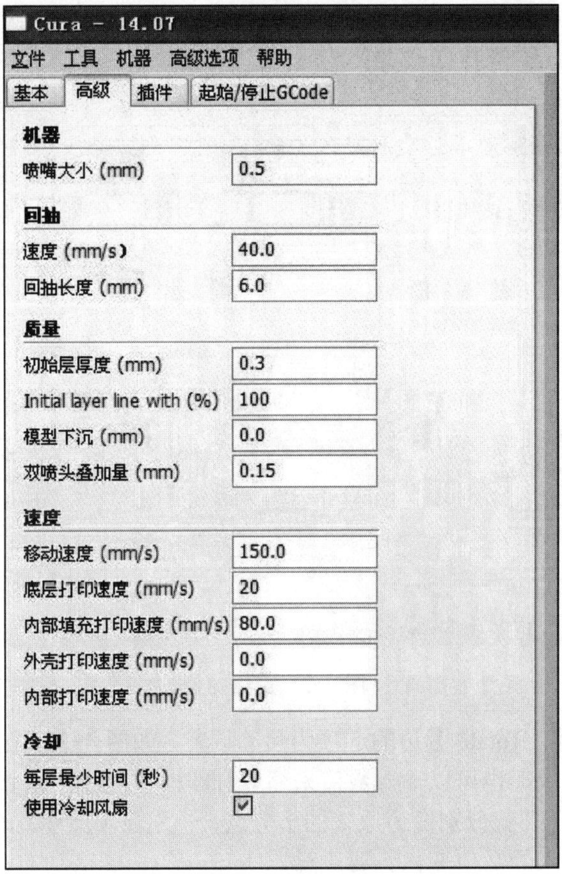

图 4-20　高级功能设置

7）转向右边的模型显示区域，以设计的"萌猫"储物盒为例：

① 用鼠标将模型 STL 文件拖入显示区域或者用窗口左上方的 Load 载入文件功能。Load 按钮旁边可以看到一个进度条在前进。当进度条达到 100%时，就会显示出打印时间、所用打印材料长度和克数。

② 在 3D 观察界面上，按住鼠标右键拖拽，可以实现观察视点的旋转。使用鼠标滚轮，可以实现观察视点的缩放。这些动作都不改变模型本身，只是观察角度的变化。

③ 调节摆放位置：单击模型，再单击左下角的"Rotate"，可以看到萌猫储物盒周围出现红、黄、绿三个圈，分别拖拽三个圈可以沿 X 轴、Y 轴、Z 轴三个不同方向来旋转摆放模型；如图 4-21 所示，Rotate（旋转）上面的按钮 Reset 就是复位，使用者可以重新调整。最上面的 Lay flat 功能为放平打印模型，可以计算出最适合打印的角度。

上述功能解决了模型在 3D 打印机上实际打印的位置和大小。在实际打印中，有些形状特殊的模型可以配合旋转、移动等命令来改变接触打印平台的位置，以获得最佳打印效果。

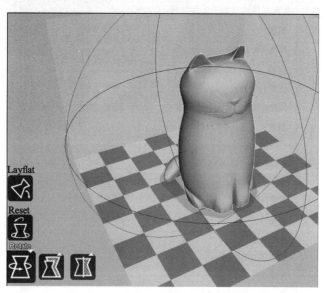

图 4-21 旋转功能

④ 调节尺寸：Rotate 旁边的选项为尺寸调节，如图 4-22 所示。可以拉动小猫身上的三个小方块，也可以输入数值来缩放打印模型尺寸，比如 Scale（比例）输入 0.1，长、宽、高就分别变为原来的十分之一；Size（尺寸）输入数值，模型的尺寸就会按照输入的数值变化。要注意，Uniform scale 旁边有小锁头图标，打开小锁头，可以单独调节模型的长、宽、高；锁上小锁头，意味着长、宽、高按比

例一起变化。缩放功能用途在于，可以缩放打印任何比例大小的模型，如果大的模型打印时间过长，用料过多，可以采用缩小的办法来减少打印时间和用料。

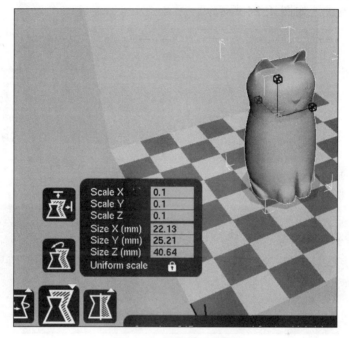

图 4-22　调节尺寸功能

　　⑤ 镜像调节：尺寸调节功能旁边是镜像功能，分别单击，模型可以在 X 轴、Y 轴、Z 轴三个不同方向进行镜像变化，如图 4-23 所示。

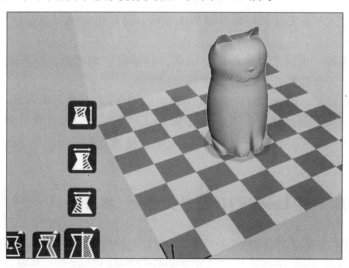

图 4-23　镜像功能

⑥ 不同显示模式：在模型显示区域的右上角，分别有 Normal（普通）、Overhang（悬垂）、Transparent（透明）、X-Ray（X 光）、Layers（层），五种不同显示模式，如图 4-24 所示。

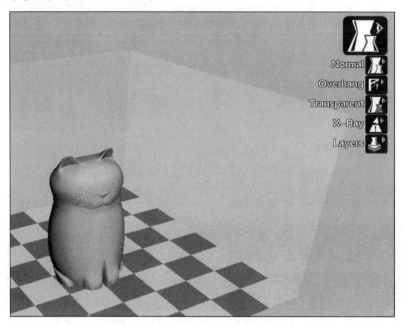

图 4-24　不同显示模式

悬垂模式：3D 模型悬垂出来的部分，都会用红色表示。这样，可以很容易观察出 3D 打印模型中出问题的部分。

透明模式：不仅可以观察到模型的正面，而且还能同时观察到模型的反面，以及内部的构造。

X 光模式：也用来观察内部的构造，显示得更加清晰，便于观察。

层模式：可以模拟打印过程中的分层情况。

设定完以后，Cura 会自动完成切片生成 GCode 文件。单击 Load 旁边像磁盘一样的图标，保存路径，将 GCode 保存。尽量不要直接连接计算机打印，最方便的方式是将 GCode 文件放到 SD 卡中，插入 3D 打印机的 SD 卡槽进行脱机打印。

4.3.2　切片软件 Longer 3D 设置实例——哆啦 A 梦

本书中打印机采用 Longer 3D 转码（切片）软件，以 ReplicatorG 中文版为蓝本，安装以后，按照 Longer 3D\3DPrinting\3DPrinting.exe 路径，双击 3DPrinting.exe 程序文件，打开软件界面。将需要打印的模型文件"哆啦 A 梦.STL"直接拖拽

到软件界面里，或者单击文件→"打开"，打开文件"哆啦 A 梦.STL"，如图 4-25
所示。

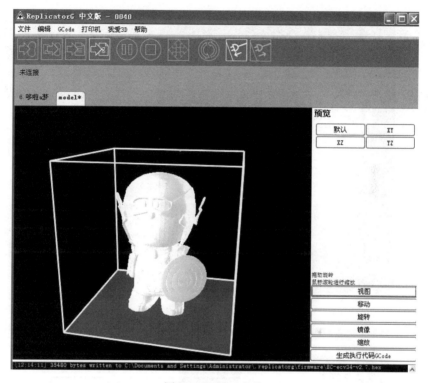

图 4-25　打开文件

在初始界面的右下角有视图、移动、旋转、镜像、缩放功能。

（1）视图功能　用来观察模型的整体情况，初步浏览模型是否有断面，
还可以按住鼠标左键进行整体的远近大小调节，但只是改变观察视角，并
不改变模型的真正大小。

（2）缩放功能　"哆啦 A 梦"显示得较大，已经超过了观察窗口，窗口显
示的就是打印机打印的最大尺寸。单击"缩放"，在"缩放模型"功能的第一
个尺寸框里，输入需要缩放的比例，如想缩放十分之一，就输入 0.1，输入后
单击右边的"Scale"按钮，模型立刻得到缩放。同时还有 inches→mm（英寸
转厘米）、mm→inches（厘米转英寸）和填满构建空间三个功能可以选择，如
图 4-26 所示。

（3）移动功能　单击右侧的移动工具条，单击"居中""放置于构建平面"，
"哆啦 A 梦"就处于窗口的构建平面上面并且居中，在 3D 打印机打印过程中
就处于打印平台的中间位置。还可以按住鼠标左键，将模型上下、左右、前后
移动到任何位置；也可以在右边的 X、Y、Z 轴数值栏里输入数值，让模型在 X、

Y、Z 轴移动相应的距离。下面的小方块为锁定高度，点选以后不可以改变高度坐标，如图 4-27 所示。

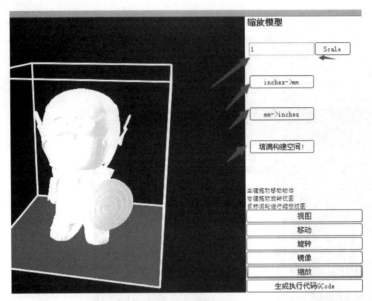

图 4-26　缩放功能

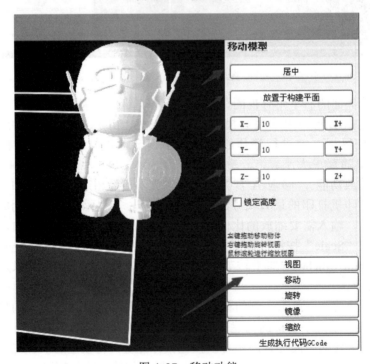

图 4-27　移动功能

（4）旋转功能　点选右边的工具条，可以使模型分别沿 X、Y、Z 轴方向旋转，选择"平躺"，可以使模型平躺放置于打印平面。如果点选下面的小方块，模型就会绕着 Z 轴旋转，如图 4-28 所示。

（5）镜像功能：非常有意思的一个功能，使模型可以在 X、Y、Z 轴方向产生镜像，比如，单击"反向 Y"按钮，"哆啦 A 梦"的盾牌就由左手换到了右手，如图 4-29 所示。

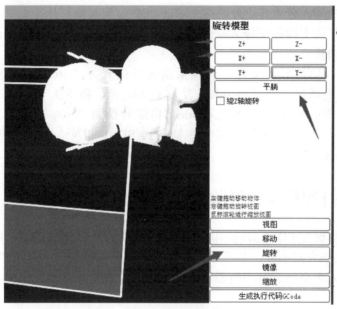

图 4-28　旋转功能

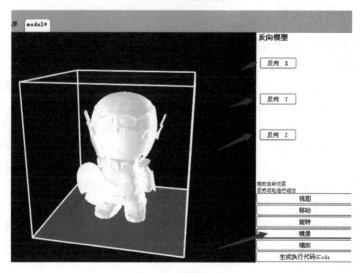

图 4-29　镜像功能

（6）打印质量设置　模型大小和位置设置完毕后，单击"文件"菜单中的"保存"，然后单击右下角的"生成执行代码 GCode"，进入模型打印质量方面的设置。界面出现以后，单击"分层配置"，右边会有 AURORA 0.1mm、0.2mm、0.3mm 的分层配置可以选择，分层配置决定了打印的精度和打印时间长短，选择中间 0.2mm 的即可。

（7）使用支撑材料　"哆啦 A 梦"可以使用完全支撑，也可以用 netfabb 软件将模型从中间一分为二，分成两个 STL 文件，使其贴在打印平台上打印，这样可以免去打印支撑和支撑去除的过程，但是需要后期修整——对打印的两块模型进行黏结拼合。

（8）保存切片后的文件　转换后的文件格式为".gcode"，这样无须计算机，很多机器只需将".gcode"复制到 SD 卡，将 SD 卡插入 3D 打印机打印。本书中的机器还需将".gcode"格式转换为".s3g"或".x3g"格式（版本不同），将".x3g"格式文件复制到 SD 卡即可。为了简便，将其改名为"CAT. x3g"。

4.4　3D 打印机操作经验汇总

本节以桌面型 FDM 3D 打印机，来介绍 3D 打印机操作经验。市场上此类 3D 打印机操作大同小异，基本分为打印平台调整、模型牢固黏结和防止翘边、打印材料导入和更换、打印模型精度控制、打印过程故障处理（参考附录 D）几个部分。

4.4.1　打印平台调整

常见的桌面级 FDM 3D 打印机，无论是个人组装机器还是批量生产的定型机器，都是通过打印平台（热床）的四个角来调节的。

打印平台和打印喷嘴的距离越大，出丝越顺利，但易造成不易黏结到平台；打印平台和打印喷嘴的距离越小，出料变得困难，模型黏结更加紧密。四个角调整平整的打印平台，可以保证打印模型的第一层和平台黏结牢固，且不易翘边。调节四个角落的螺钉，可以看到打印平台上升或者下降。先粗略调节再细致调节，用一张名片或者 A4 纸来测试四个角落的打印平台和打印喷头之间的距离，稍微有些阻碍又能够抽出为适合。可以尝试打印一个薄片，看打印的第一层是否均匀，四个边的厚度是否一致，如图 4-30 所示。

如果读者选择三角洲机器进行打印，三角洲的机器有自平台校准功能，在机械工业出版社出版的《3D 打印机轻松 DIY》（ISBN 978-7-111-49960-2）中有介绍。

图4-30 调节打印平台

4.4.2 模型牢固黏结和防止翘边

1. 模型牢固黏结

打印模型黏结牢固与否取决于打印喷嘴和打印平台的距离、打印平台的清洁程度等因素，可以采取涂抹木工胶水等方法来增大黏结效果。下面列举了3D打印爱好者常用的方法：

（1）聚酰亚胺胶带（金手指胶带） 3D打印机经常在热床表面贴上一层聚酰亚胺胶带，此种胶带可以耐高温，可以打印ABS和PLA。使用这种胶带时，打印件底面非常光滑，且打印件容易取下。取下打印件时，不会破坏打印件和胶带，可以连续使用，如图4-31所示。

图4-31 平台表面贴上聚酰亚胺胶带

（2）美纹纸胶带 3D打印机热床表面使用美纹纸也很常见，这种胶带可以耐高温，打印件可以很好地黏结，价格低廉，更换简单。但使用美纹纸胶带时，打印底面稍有粗糙。<u>注意黏结时两块美纹纸胶带之间不要重叠太多，否则易造成刮擦喷头的现象</u>，如图 4-32 所示。

图 4-32　平台表面贴上美纹纸胶带

（3）使用发胶或手喷胶、手工白乳胶等胶水类　玻璃、铝板、薄铜板，使用发胶来提高打印件的黏着力，甚至打印 PLA 时并不需要加热。需要注意的是，<u>选择发胶时一定要选择黏度大的</u>。也有人用 Super77 等手喷胶。<u>在使用手喷胶时，注意用报纸和纸张把丝杠盖住，防止喷到丝杠光轴上，模型取下时可以用除胶剂，五金装饰市场可以找到。</u>

2. 防止翘边

1）四个角落的调平对防止起翘尤为重要。

2）尽量避免采用 ABS，采用 PLA 效果较好。

3）在切片软件设置里面选择合适的平台附着类型，加大模型与加热平台的接触面积，防止打印件翘边。

4）用各种黏结材料增加黏结效果。

4.4.3　3D 打印材料导入和更换

打印材料的导入也称为"送料"或者"送丝"，打印材料有不同直径，以 1.75mm 和 3mm 居多。材料导入或更换需要注意以下事项：

（1）确定材料　需要确定所用材料直径是否和机器对应，送丝前需要将丝的顶端削尖，这样方便送丝。

（2）3D 打印机预热　打印头预热到 190℃，打印平台预热到 45℃到 60℃，打印头达到打印材料的温度后，才可以送料，否则会造成堵头和送丝齿轮的损坏。液晶屏显示达到预定温度后，单击"Load"（导入），如图 4-33 所示，打印材料随着齿轮的运行进入打印头，打印材料会像爆米花一样挤出，适当挤出一定长度后可以停止，一方面挤出原有的材料，避免混色；另一方面测试出丝的顺利程度，如果不是很顺利，需要增加打印头的温度。

图 4-33　载入材料菜单

（3）材料的更换　同送丝的过程，也需要提前预热打印头。不同之处在于，很多机器有 Unload（卸载）功能，也可以手动将材料拔出。手动更换材料时，注意要向前送一下，然后快速抽出，否则材料在经过打印头之后，因温度下降，会堵塞在材料导管里。有愿意尝试打印混色模型的读者，可以在打印过程中间暂停打印，换上另一种颜色，体验单喷头打印不同颜色的模型。

（4）料架和料盘的调整　可以自己打印制作料架，使料盘运动更加流畅，没有阻力，防止卡丝，如图 4-34 所示。

图 4-34　自己打印制作的料架

长时间没有使用的线材容易发生缠绕，在打印过程中很容易发生停止卡丝的现象，结果辛苦打印了几个小时的打印件只打了一半。解决方法是将缠绕的线材打开，按一个方向重新卷回料盘。

4.4.4 打印模型参数控制

在切片软件的介绍中，初步了解了主要功能的设定，下面根据使用者的习惯进行了打印模型参数控制总结。

（1）打印壁厚 打印壁厚为打印件外壳的厚度，决定了模型的强度，越厚打印时间越长，成型质量就越好，也耗费更多的材料。太薄的打印壁厚直接影响打印件的质量，且容易裂开；而太大的打印壁厚会增加打印时间。

（2）底部和顶部的厚度 底部和顶部的厚度决定了模型底部和最后收尾的质量，如果模型顶部质量不好，可以在这个选项进行修改。

（3）打印层高 打印层高越小，打印件越精细，打印时间越长；相反打印层高越大，打印件越粗糙，打印时间越短。设置打印层高时，需要参考所使用的挤出头喷嘴的直径。最大层高最好不要超过喷嘴的80%，比如 0.4mm 喷嘴直径，打印层高最大为 0.32mm；而最小层高最好不低于喷嘴的 40%，最适合的打印层高为喷嘴直径的 60%，精细程度和打印时间能很好地平衡。

（4）打印速度 打印速度是 3D 打印机的一项重要参数，决定了打印喷头的挤出速度，更决定了模型的打印时间长短。打印速度慢，时间长，模型质量好；反之，打印速度快，时间缩短，但模型精度变差，因为在高速打印时挤出头内部产生压力，或材料供应不足，使其打印不均匀，影响了打印质量。

切片软件关于打印速度有很多选项，首先设置第一层的打印速度，这样会让第一层更好地和热床平台贴合。可以根据切片软件里预计打印时间的功能来安排打印任务，大多设置成 30%～50% 的速度（有的 3D 打印机在打印过程中可以调节旋钮来降低或提高打印速度）。

其次设置空移速度，适当提高 3D 打印机的空移动速度，提高整体打印的速度。

最后根据需求，调整打印壁厚的速度、填充的速度、支撑材料的速度。其中，设置打印壁厚的速度不宜过高，会直接影响打印外观和打印质量，可适当提高填充速度。

（5）填充密度 填充密度直接影响打印件的重量，填充率高，打印时间长，模型强度大，精度好；反之，填充率低，打印时间缩短，但模型变脆，精度差。如果不需要强度很高的打印件，可以通过降低填充密度的方式来缩短打印时间和减小打印件的重量。高强度的打印件需要使用更高的密度打印，ABS 最高推荐设置成 0.4，而 PLA 最高推荐设置成 0.6。

（6）填充方式 填充方式并不影响打印件的外观，影响打印件的物理强度，有的打印机设置成网格和六边形的填充方式。网格方式更容易打印，打印速度更快。

（7）打印温度　根据打印材料来设定温度，也决定了打印模型的质量和出丝顺利程度。温度过高，出料快，还未及时冷却就和下一层黏结，模型质量差；温度过低，出料困难，层与层之间会出现难看的断层和打印件强度差。

（8）打印模型的摆放位置　设计打印件时一定要考虑打印件和热床的接触面，接触面太小不能更好地黏到热床，打印失败率高。打印件在每层结合的地方，结构强度最差，打印时一定要避免结构强度要求高的地方在每层的结合处，此时可以调整打印件的摆放位置，如图 4-35 和图 4-36 所示。

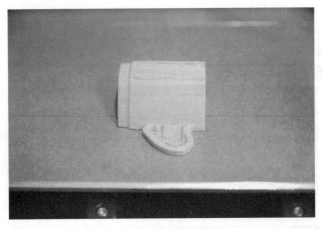

图 4-35　模型不同打印位置 1

图 4-36　模型不同打印位置 2

（9）合理添加支撑　支撑大多在打印桥梁或者悬空结构时使用，并且桥梁或者悬空相对较长。打印桥梁时如果没打印支撑，打印丝会由于重力和温度产生变形，使得桥梁部分弯曲，致使打印失败。最好自己设计支撑或连接物件（锥形物或是其他的支撑材料），并将它们加到模型中。

切片软件里通过支撑类型的设定来决定怎么使用支撑材料，打印模型规则且没有悬空的部分，选择无支撑即可；如果模型文件外部有悬空的部分，必须选择外部支撑，否则模型无法层层堆积上来，模型打印会失败；选择完全支撑，所有产生空隙的地方，模型都会自动填补支撑，但是会产生浪费材料和打印时间过长的问题，更会造成支撑的难以去除和增加后期处理的难度，因为支撑材料和打印材料为同一材质，去除支撑时会留下很多痕迹，影响打印外观，如图 4-37 所示。

如果打印机有双喷头的打印设置，使用者可以选择使用主要喷头来打印主体，另一个喷头同时打印支撑。在实际打印中，可以用单喷头同时打印主体和支撑，也可以用一个喷头打印主体，另一个喷头打印水溶性支撑。打印后在一些化学溶液中，水溶性支撑完全溶解，模型效果会非常好，省去了打磨抛光的过程，如图 4-38 所示。

图 4-37　打印支撑

图 4-38　模型水溶性支撑去除前后

（10）适宜的环境温度　较低的环境温度会使打印件加快收缩，最理想的方式是在封闭的箱子内打印，或者封闭房间，室温保持在 20℃左右。

4.4.5　模型取下

有时打印好的 3D 模型和打印平台黏得太紧而取不下来，如果硬扯可能会造成模型受损，还可能会影响打印平台精度。模型取下建议：

1）戴手套将平台拿下，然后用小铲子慢慢滑动到模型下面，来回撬动模型，切记不能硬掰。

2）利用玻璃与 ABS/PLA 热膨胀系数不同的特性，用吹风机从打印平台玻璃板背面进行加热。

3）如果冷却过久模型不能取下，可以直接加热打印平台，到 40℃左右，让黏合面松动，这样可以比较轻松地取下打印好的模型。有的爱好者用一个环氧树脂板，涂上保龙胶，打印好了把板子折一下，东西就分离开了，而且打印的模型越大越好分离。

4.5　3D 打印实例——"哆啦 A 梦"打印流程

1）通过 3ds max 建立"哆啦 A 梦"数据模型文件。

2）通过软件的导出文件功能，导出 STL 格式。

3）通过软件检查文件错误并修复文件错误。

4）利用切片（转码）软件，设定打印模型质量，调节打印位置和支撑等细节。导出为".gcode"格式，转换为".s3g"或".x3g"格式。

5）采用四角调平的方法来调平打印平台，铺美纹纸胶带或其他胶带，增加模型黏结强度。

6）将打印文件复制到 SD 卡内，将 SD 卡插入 3D 打印机。

7）打开 3D 打印机，将 3D 打印机预热，预热后选取"load"菜单导入打印材料，并挤出喷头残料。

8）选择"CAT.x3g"文件，喷头再次预热，达到预定温度后，打印喷头在平台上开始打印。观察打印过程中出丝是否顺利，第一层是否黏结牢固，等到预计的时间后，成功打印完毕。

9）从平台取下模型，进入打磨、上色、后期修整阶段。

第 5 章　3D 打印模型后期修整

　　3D 打印的模型和其他模型的后期修整，既有相似的地方，都离不开拼接补土、打磨、上色等这些基本步骤，又有区别。3D 打印的模型一般为 ABS 和 PLA 材质，采用熔融沉积造型（FDM）3D 打印，无论是使用工业级还是个人级 3D 打印机，打印出来的产品都会显示出一些纹路，被称为层效应（Layered Effect）。因此，有些模型制作的方法和工具，并不适合 3D 打印的模型修整。

5.1　支撑去除和拼接

5.1.1　基面和支撑去除技巧

1. 去除基面和大面积支撑

　　基面是为了增加模型和打印平台的黏结效果而设定的，一般打印机的支撑采用虚点连接，和模型连接不是十分紧密，打印后可以手工去除，大面积的支撑可以用镊子甚至手动撕下。如果支撑部分和模型连接得过于紧密，可以用壁纸刀或者纸工刀小心切开并撕下，如图 5-1 所示。

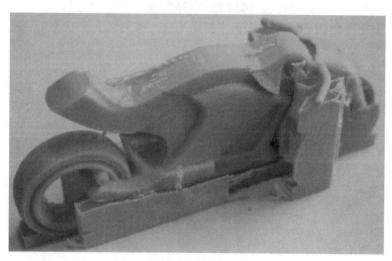

图 5-1　带有支撑的 3D 打印模型

2. 细节部分的去除

　　细节部分的支撑去除要十分小心，动作不可以过于猛烈，可以用制作模型常用的剪钳一点点的去除。将剪钳刃口比较平的一面贴近模型，精细去除，防止一不小心就会剥离模型的细节，如图 5-2 所示。

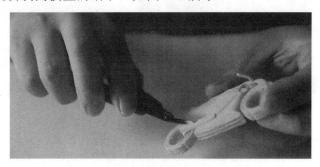

图 5-2　细致去除模型支撑

3. 去除模型上的支撑残留和毛刺

　　有些打印机带有防止拉丝的设置，如果不具备防拉丝功能，只能后期去除。这些细小的拉丝用刀去除非常麻烦，可以用打火机快速燎一下或者 3D 打印笔的笔头烧热后烫一下，就可以轻松去除模型上的毛刺和拉丝，如图 5-3 所示。

图 5-3　模型毛刺去除

5.1.2　拼合黏结技巧

　　如果模型和打印平台接触角度不好，或者支撑太多，可以采用软件将模型切开，分成几部分进行打印，打印完毕后再进行拼合黏结。在支撑去除的过程中，不小心将部件损坏，也需要进行黏结。图 5-4 为摩托车把手的黏结。

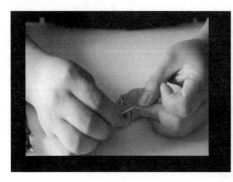

图 5-4　摩托车把手黏结

下面以前面打印的"情侣杯"模型为例，进行黏结工作讲解。

（1）预对齐　比较两块需要拼接模型的表面是否吻合，黏结面是否干净，如果有杂质，预对齐时发现两块之间有误差，可以提前进行粗略打磨，让两块零件上下左右高度吻合。

（2）采用的胶水　采用低流动性（呈果冻胶状者）的胶水，一般不采用普通模型制作用的高流动性胶水，因为高流动性胶水容易渗入打印模型的纹路。一般爱好者可以采用德国的 UHU 木工胶水，比较适合 3D 打印模型的拼接，如图 5-5 所示。

图 5-5　黏结用 UHU 木工胶水

（3）蘸取工具　使用已用钝的 15 号小圆头手术刀片，配上专用刀柄，作为蘸取胶水的工具，效果非常好。手术刀片、刀柄可在医疗器材店买到，建议先将它们用钝（或干脆用钻石锉刀磨钝）后再使用比较安全。如果没有刀片，可以使用牙签作为简易的工具。

（4）涂抹胶水　先将两部分需要拼装和黏结的截面打磨平整，然后用牙签蘸取胶水，铺平在黏结面上，在每一块黏结面的内部均匀涂抹，如图 5-6 所示。注意要离开边缘一定的距离，如果胶水涂抹到边缘，模型两部分拼合之后挤压，会有胶水溢出，影响黏结效果和外观。胶水量的掌握要注意少量多次，不要一次涂抹太多。如果有出界的胶水，可以用不容易起毛的布片轻轻擦除。

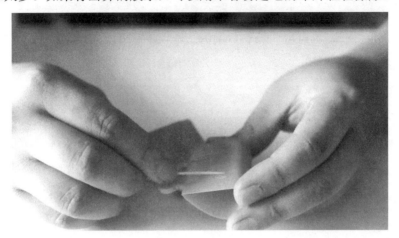

图 5-6　涂抹胶水

如果不小心胶水污染到模型表面时，绝不可用手指抹去，以免留下难看的指纹；如果胶水已经凝固，等它完全干燥后再进行小心的打磨、修整。

（5）拼接　涂抹之后，稍微施加压力，使两块模型拼接挤压在一起，注意要从不同角度来调整模型的位置，由于低流动性胶水固化较慢，有足够的时间进行位置矫正，调整到最佳角度和足够美观后，将黏结好的模型放置于通风阴凉和少灰的地方进行干燥，如图 5-7 所示。

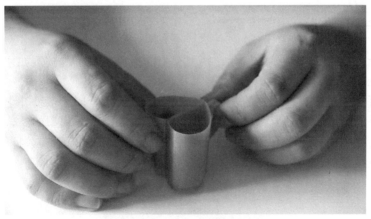

图 5-7　情侣杯两部分的拼接

有一些模型爱好者使用热熔胶，在打印之前需要把接合结构做出来，这样直接拼合零件反而更准确。还有一些打印机的使用者利用 3D 打印笔来进行模型的修补，这个需要一些技巧来掌握笔的速度和出丝多少，如图 5-8 所示。

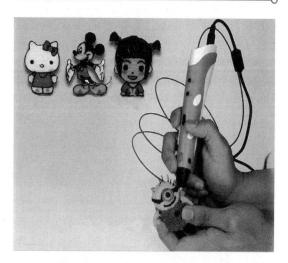

图 5-8　3D 打印笔修整模型细节

5.2　补土

模型黏结完毕后，接着要进行补土。这是因为有些部分黏结定位后仍会产生落差、凹陷等缺陷。这些缺陷有些是在打印过程中形成的，有些是在去除支撑过程中形成的。特别是 FDM3D 打印机打印的模型，如果打印精度过低，造成明显的分层纹路，可以用补土来弥补，待其干燥硬化后再打磨平整。

5.2.1　补土种类

补土就是英文 Putty 的音译。模型补土的材料有很多种，例如牙膏补土，保丽补土和原子灰，AB 补土，水补土。

牙膏补土是所有补土中的基础型，如图 5-9 所示，属于填缝补土，有灰色补土、补缝补土、软补土等很多俗名，特点是软、黏，与模型的结合度高，但干燥后会收缩。另外，还有其他低流动性、呈果冻状的快干胶类，特别适合 3D 打印的模型使用，用来修补模型表面的坑洼。

图 5-9　用于 3D 打印模型的牙膏补土

保丽补土和原子灰相似，使用时需要混合凝固剂。将凝固剂混入保丽补土，并搅拌均匀至半流体状，看不出凝固剂的颜色和条纹，便可涂抹在模型上。

原子灰便宜、量大，但气味非常大，干燥后硬度也大，使后期打磨难度增加。

AB 补土属于造型补土，用作模型塑型、改造和雕刻。这种材料是双组分的，一片是主剂，一片是硬化剂，需要用手来捏合，黏性低，硬化速度慢，对于 3D 打印模型的后整理稍显麻烦。

水补土就是底漆，类似于涂料，通在一般情况下需要稀释。一般都使用喷涂的方法来附着到模型表面上，用来使喷涂颜色统一或增强其他涂料的附着力防止掉漆，经常用在打磨之后。一般不用溶剂型补土材料，因为有些溶剂会造成模型的溶解。

如果没有现成的牙膏补土，可以用 502 胶水和同样体积的爽身粉挤在胶纸上，然后用牙签搅拌混合两种东西，混合的液体会变成半透明的糊状，接着用牙签挑起这些材料来填补打印模型的缝隙或者小缺陷，等 10min 左右，混合液体干透（可以用牙签测试一下干的情况），用刀去除多余的胶水混合物，最后用锉和砂纸打磨平整。这种补土方法成本低、耐冲击、可塑形。

5.2.2　补土的技巧

为了精确控制使用量，使用过程中先挤出一些材料，用牙签或其他合适的工具挖取适当的量，填补用胶水黏合的接着线上的凹陷处或者填补打印模型明显的纹路处，如图 5-10 所示。如同一般模型胶水的要求一样，接合线的空隙中也要充满快干胶，这样在打磨后才不会露出接着的痕迹。干燥硬化后，其性质有点类似硬质塑胶，且仍保持大部分的体积，不至收缩太多，再加上其干燥速度快，是节省时间的一个好选择。

图 5-10　对 3D 打印模型进行补土

5.3 打磨和表面处理

5.3.1 打磨

等待补土胶水完全干燥硬化后，开始进行打磨的工作。

（1）粗打磨　一开始可用普通的扁方形锉刀锉掉较大的落差，例如接合上的落差、补土等较凸出的部位。锉刀锉上一阵子后，表面会卡住一些塑胶，可用牙刷或细的铜丝刷将这些塑胶刷掉，保持锉刀的磨锉力。锉刀的形状有许多种，应视工作区域的不同而选择不同的形状，通常准备扁方形、半圆形、圆形、三角形足够，如图 5-11 所示。

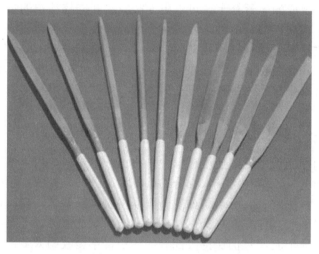

图 5-11　不同种类的锉刀

（2）精细打磨　锉刀锉得差不多时，换用水砂纸继续打磨。注意水砂纸和干砂纸之间的区别：水砂纸砂粒间隙较小，磨出的碎末也较小，和水一起使用时碎末会随水流出，所以和水一起使用，水砂纸磨得较慢，但磨得较光滑；干砂纸沙粒之间的间隙较大，在磨的过程中碎末会掉下来，不需要和水一起使用，干砂纸磨得速度较快，但磨出来的表面较粗糙。

砂纸的单位为号（或目），是指磨料的粗细及每平方英寸的磨料数量，砂纸背面的号码越大，代表磨料颗粒越细，数量越多。磨料颗粒粗的为（以目或号为单位）16、24、36、40、50、60，常用范围为 80、100、120、150、180、220、280、320、400、500、600，精细的为 800、1000、1200、1500、2000、2500。3D 打印模型通常可从 400 目开始，再逐渐换用较细的 800 以上不同目或号数。用砂纸 1200 目打磨已经够用，用 2000 目砂纸打磨出来的表面效果会更好，如图 5-12 所示。

图 5-12　不同粗细的打磨砂纸

（3）打磨要领　与锉刀的打磨技巧一样，用砂纸打磨也要顺着弧度去磨，要按照一个方向打磨，避免毫无目的的画圈。水砂纸可配合水来使用，蘸上一点水来打磨时，粉末不会飞扬，且磨出的表面会比没蘸水打磨的表面平滑些。可用一个能盛下部件的容器，装上一定的水，把部件浸放在水下，同时用水砂纸打磨。这样不但效果完美，而且还可以保持水砂纸的寿命。是否蘸水打磨可以自行选择。

（4）水砂纸控制打磨范围　把水砂纸折个边使用，折的大小完全视需要而定。折过的水砂纸强度会增加，而且形成一条锐利的打磨棱线，可用来打磨需要精确控制的转角处、接缝等地方，在整个打磨过程中，会很多次用到这种处理方式。可用折出水砂纸的大小来限制打磨范围，如图 5-13 所示。

图 5-13　用水砂纸折边打磨模型

（5）其他　也有用电动设备来辅助打磨的，注意速度不可过快，否则容易损伤打印模型表面。还有另外一种实用的打磨方法，用旧的柔软百洁布紧贴模型表面前进，用旧的柔软百洁布有一定程度的打磨能力，特别适合打磨圆柱形之类的模型，但千万不要拿新开封的百洁布来打磨，因很容易伤害模型表面。

补土—打磨—检查—修整的程序，可以一直重复使用，直到满意为止。

5.3.2　其他 3D 打印模型表面处理方法

消除 3D 打印模型表面的纹路，除了用粗砂纸和细砂纸等打磨之外，还有一些方法：

1. 化学溶液（抛光液）法

方法一——擦拭：用可溶解 PLA 或 ABS 的不同溶剂擦拭打磨。

方法二——搅拌：把模型放在装有溶剂的器皿里搅拌。

方法三——浸泡：有爱好者用一种亚克力黏结用的胶水（主要成分为氯仿）进行抛光，将模型放入盛溶剂的杯子或者其他器具浸泡一两分钟后，模型表面的纹路变得非常光滑。但是注意避光操作和防护，否则会产生毒性气体。

国内研制出了抛光机，模型放置在抛光机里面，用化学溶剂将模型浸泡特定的时间，表面会比较光滑，比如用丙酮来抛光打印产品，但丙酮易燃，且很不环保，如图 5-14 所示。

图 5-14　抛光机和抛光的模型

国外 Stratasys 也推出了一台大型的润色抛光机 FTSS（Finishing Touch Smoothing Station）。这台抛光机抛光与采用丙酮来抛光相比，抛光效果更加优化，使用也更加安全，但所使用的耗材极其昂贵（十氟戊烷）。图 5-15 为 FTSS 抛光机抛光前后效果对比。

图 5-15　FTSS 抛光机抛光前后效果对比

2. 丙酮熏蒸法

除了用丙酮溶剂浸泡外，有 3D 打印机的可将打印产品固定在一张铝箔上，用悬挂线吊起来放进盛有丙酮溶液的玻璃容器；将玻璃容器放到 3D 打印机加热平台上，先将加热平台调到 110℃来加热容器，使其中的丙酮变成蒸气，容器温度升高后，再将加热平台控制在 90℃左右，保持 5～10min（可按实际抛光效果掌握时间）。

没有 3D 打印机的，可将丙酮溶液放入蒸笼的下层，蒸笼的隔层上放上模型，将蒸笼加热进行土法熏蒸，可以起到模型表面抛光的效果。但时间不好掌握，且丙酮蒸气对人体有刺激性。

采用化学溶剂和丙酮熏蒸的方法有一定危险性，非专业人士不要尝试。

3. 珠光处理

珠光处理（Bead Blasting），是操作人员手持喷嘴朝着抛光对象高速喷射介质小珠从而达到抛光的效果。介质小珠一般是经过精细研磨的热塑性颗粒。处理后的产品表面光滑，有均匀的亚光效果，可用于大多数 FDM3D 打印机线材上。

珠光处理一般是在密闭的腔室里进行，对处理的对象有尺寸限制。整个过程需要用手拿着喷嘴，一次只能处理一个，不能用于规模应用。

4. 喷砂

喷砂是工业上处理物体表面的工艺，可以非常快速地把表面粗糙的铸造、切削后的表面处理成比较光泽的磨砂效果。3D 打印的模型也可以进行喷砂处理。处理速度非常快，几分钟就能处理很大的表面积。不过喷砂需要密闭的工作空间，否则乱飞的颗粒、粉尘都对人体有害，而且喷砂不能喷体积过大的 3D 打印物件。

5. 电镀

我国台湾团队开发的 Orbit 1 桌面电镀机能够把一件普通的 3D 打印对象变成更惹人注目的金属艺术品、首饰，甚至变成电子产品的可导电部件，如图 5-16

所示。电镀机能够使用铜、镍、铅、金四种不同的金属涂层包裹 ABS（或其他 3D 打印线材）物品，可用于珠宝设计、工业设计、快速成型、机械零件、特种电气部件和成型/铸造工具包等。

图 5-16　电镀处理后的模型

5.4　上色修饰

模型经过打磨补土、表面抛光之后，可以进入上色环节。

5.4.1　模拟上色效果

处理模型配色，与个人的品位和对色彩的感觉有直接关系，更重要的是实际操作经验。

（1）用软件模拟效果　可以用 Photoshop 自己制作草图，然后在上面处理出配色。本书中案例配有视图，比如哆啦 A 梦，就很容易在网络上找到合适的颜色效果。

（2）根据经验来估计上色后的颜色效果　若想让模型颜色偏深沉和饱满、厚实的，可以上灰色漆；若想让颜色鲜艳明亮的就用白色漆。但是白色底漆遮盖性不好，打印的彩色模型喷好多层还是会有颜色透出。因此在选择打印线材的颜色时，要考虑后期上色时原有颜色是否能被遮盖。

5.4.2　上色用工具和颜料

1. 上色装备

（1）气泵和喷笔　模型爱好者上色用的气泵和喷笔可以用来给 3D 打印模型上色，不过喷笔容易堵塞，可以选择使用。

（2）上色笔　上色笔一般分平笔、细笔（圆笔）和面相笔三类，如图 5-17 所示。平笔用来涂刷面积较大的部分。细笔最适合点画或描绘精致的效果线和局部的阴影。面相笔用于打印模型比较精巧的部分，如涂刷人物脸部等细节，在涂眼睛等细小部位时，面相笔很有用。

图 5-17　上色笔

2. 防护装备

需要口罩、护目镜、手套三件套。口罩一定要选择和面部贴合较好的，或防毒面具；手套可以用塑胶的或者一次性手套。

3. 颜料

（1）模型漆　3D 打印上色可以选模型涂装用的模型漆，如图 5-18 所示。模型漆基本上可以分为三种：压克力漆（水性漆）、珐琅漆（油性漆）、硝基漆（油性漆），三种涂料性质各不相同。

图 5-18　模型漆

1）压克力漆（Acrylic）：又称水性漆。因为是水溶性，所以毒性小，是模型涂装非常好的涂料，但是水性漆和流体性胶水一样会因为毛细作用而渗入模型内部，因此要适当采用。

2）珐琅漆：干燥时间是模型涂料中最慢的，均匀性最好，涂大面积时用此类漆比较好，色彩呈现度相当不错。另外，由于不会侵蚀水性漆涂膜面，所以用来涂细部相当适合。毒性较小，可以放心使用。但是珐琅漆的溶剂渗透性相当高，所以应避免溶剂太多而使溶剂侵入模型的可动部分，造成模型脆化、劣化。<u>注意新手使用一定要小心。</u>

3）硝基漆：使用挥发性高的溶剂，所以干燥快，涂膜强，不过这种漆的毒性最强，尽量用以下的两种环保颜料替代。

（2）自喷漆 自喷漆是一种 DIY 的时尚漆，特点是手摇自喷，方便环保，不含甲醛，快速干，味道小，会很快消散，对人身体健康无害，节约时间，可以轻松遮盖住打印模型的底色。这也是本书里把自喷漆作为 3D 打印模型喷漆的首选原因。

（3）丙烯颜料 丙烯颜料价格低，用水就可以调和，也可以用丙烯颜料和手喷漆配合在 3D 打印模型上使用，特点是简单、速干、防水、颜色艳丽，如图 5-19 所示。

另外，还有其他种类，比如保护漆面（附带一定效果）的保护漆、消光漆、半消光漆、亮光漆（光油）和冷烤等，可根据情况使用。

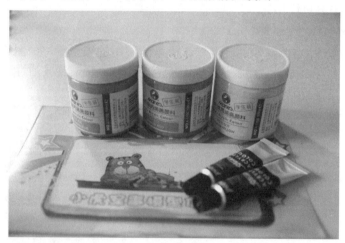

图 5-19　上色用的丙烯颜料

5.4.3　上色步骤

根据不同爱好者的习惯，上色可以分为以下几个基本步骤，如图 5-20 所示。

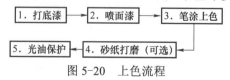

图 5-20　上色流程

1. 打底漆

一般用白色做底漆，使面漆喷在白色底面上，颜色更加纯正。本书中的大白模型本身就要喷白，白色既可以做底漆，又可以做面漆，直接喷白即可。底漆一般喷两到三层，但是要有足够的厚度，能盖住打印材料的本色，如图 5-21 所示。

图 5-21 打底漆

喷漆方法：使用快捷方便的自喷漆，使用之前，先把喷罐摇动，在报纸上面试喷，按钮要由浅入深，有渐进的过程。一般距离物体 20cm 左右，速度是 30~60cm/s，速度一定要均匀，慢了会喷漆得太多太浓，模型表面产生留挂。可采取多次覆盖来调节漆的厚薄，使漆更均匀，附着力也好过一遍喷成。

为避免喷漆不匀，可将打印的模型固定在饮料瓶上面，方便旋转，如图 5-22 所示。

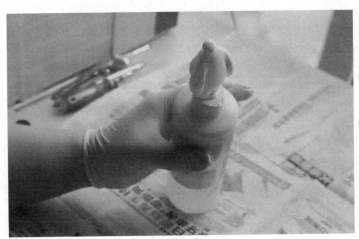

图 5-22 喷漆方法

2. 喷面漆

可以选用任何普通色或者金属色，一般喷三层可完全覆盖，吸附力强。如果用简单的方法，可以直接喷面漆，然后再喷光油保护，效果也非常好。

3. 光油保护

上光油或者亚光油，作用是形成高光或者亚光的效果，同时形成透明保护膜，保护面漆不氧化变色和脱漆起皮，延长面漆的使用寿命。一般喷1～2层。

4. 砂纸打磨

作用同抛光部分，可以打磨掉不小心留挂的漆。等漆干后，用 2000 目的细砂纸细细磨平，再喷一层漆，表面即可十分均匀。

5. 笔涂上色

用自喷漆上底漆之后，等底漆干后，可以用笔使用丙烯颜料在模型表面描绘一些细节。比如用面相笔蘸取黑色丙烯颜料描绘大白的眼睛部分，如图 5-23 所示。

喷漆环境注意事项：由于夏天空气湿度大，喷漆后的漆面在干燥过程中会不平整。可以用湿度计来观测，在合适的区间进行上色；冬天气温低，喷漆的干燥速度慢，为了不影响喷漆效果，喷面漆 1～2 天后，确保喷漆完全干透，再喷光油或者亚光油，以确保喷漆的效果，如图 5-24 所示。

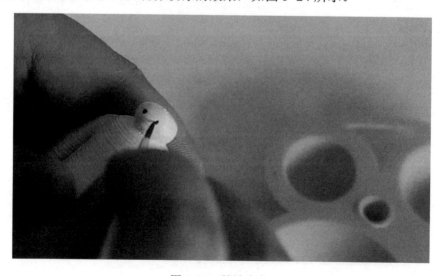

图 5-23　笔涂上色

图 5-24　喷漆环境

5.5　3D 打印模型后期修整实例——"哆啦 A 梦"

经过对模型后期整理基本知识的了解后，下面以"哆啦 A 梦"模型为例演示 3D 打印模型后期修整的全过程。

1. 支撑的残余部分去除

用剪钳去除模型表面的支撑残余，经过细致修整，模型的细节部分得到加强，为以后的打磨和上色打下基础，如图 5-25 所示。

图 5-25　去除支撑的残余部分

2. 打磨

将砂纸剪成小块，先用粗砂纸粗略打磨，再用细目砂纸进行打磨抛光，将打磨的碎屑擦除，如图 5-26 所示。

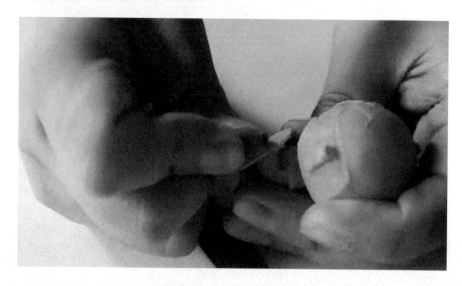

图 5-26　打磨

3. 自喷漆上底漆

首先将模型固定在泡沫上或者瓶子上以便于转动，然后由浅入深地按下喷嘴，对模型进行快速喷漆，前后左右不要留下死角，对打印的原来颜色进行遮盖，如图 5-27 所示。

图 5-27　自喷漆上底漆

4. 等待模型干燥

喷底漆后的模型放置通风干燥处晾干，如图 5-28 所示。

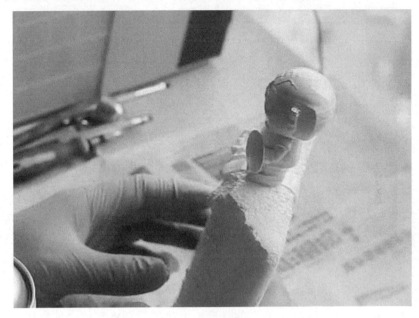

图 5-28　等待模型干燥

5. 丙烯颜料上色

用调色盘挤出适量丙烯颜料，用适量水调和后（注意调和后的丙烯颜料黏度要高，流动性较低效果好），先用平笔大面积涂抹着色，如图 5-29 所示。再用面相笔细致涂抹眼睛、面部、盾牌上的图案等细节部分，如图 5-30 所示。

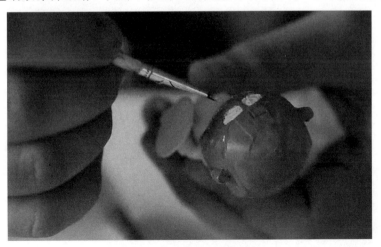

图 5-29　用平笔大面积涂抹着色

图 5-30　用面相笔细致涂抹眼睛、面部、盾牌上的图案等细节部分

这样，3D 打印"哆啦 A 梦"的打磨、上色等后期修整就全部完成。

附　　录

附录 A　国内外部分 3D 打印模型网站

MakerBot 官方网站	http://www.thingiverse.com/
打印虎	http://www.dayinhu.com/
纳金网	http://www.narkii.com/club/forum-68-1.html
易 3D	http://www.yi3d.com
打印啦	http://www.dayin.la/
我爱 3D	http://www.woi3d.com/
晒悦	http://www.tt3d.cn/
微小网	http://www.vx.com/
魔猴	http://www.mohou.com/index-pre_index-curpage -3.html
3D 打印之家	http://www.3ddayinzhijia.com/l-model.html
3D 风	http://www.3dfe.com/index.php/product/index
3D 打印模型网	http://3dpmodel.cn/forum.php?gid=36
3D 扣扣	http://www.3dkoukou.com/3Dmoxingku/
3D 动力网	http://bbs.3ddl.net/forum-2075-1.html
3D 苹果	http://www.3dapple.cn/forum-2-1.html
3D 打印网	http://bbs.3drrr.com/forum-53-1.html
3D 打印联盟	http://3dp.uggd.com/mold/
三多网	http://3door.com/download/3dmo-xing-xia-zai
南极熊	http://mx.nanjixiong.com/forum.php?m od= forumdisplay & fid=115
度维	http://modle.3ddov.com/threedmodel/index1.html
模型库	http://www.moxingku.cn/
熊玩意	http://www.xiongwanyi.com/
天工社	http://maker8.com/forum-37-1.html
太平洋 3D 打印	http://www.3dtpy.com/download
橡皮泥 3D 打印	http://www.simpneed.com/

3Done http://www.3done.cn/forum.php?mod=for umdisplay
&fid=39&orderby=lastpost

蔚图网 http://www.bitmap3d.com/index/models
-index-thumb-2-count-30-filter-pr.html

附录 B　国内 3D 打印行业网站/论坛

3D 打印培训网 www.mdnb.cn
3D 打印改变世界 http://www.3dddp.com/
中国 3D 打印网 http://www.3ddayin.net/
中国 3D 打印机网 http://www.china3dprint.com/
中国 3D 打印社区 http://www.china3dprint.org/
中国 3D 打印产业网 http://www.3dop.cn/
中国 3D 打印技术产业联盟 http://www.zhizaoye.net/3D
中国 3D 打印门户网 http://www.3djishu.com.cn/
南极熊 3d 打印网 http://www.nanjixiong.com/
太平洋 3D 打印 http://www.3dtpy.com/
3D 打印网 www.3ddyw.org
3D 打印网 http://www.3drrr.com/
3D 打印网 http://www.3d-dayinw.com/
3D 行业网 http://www.3dhangye.com/
3D 打印在线 http://www.3dprintonline.cn/
3D 打印行业网 http://www.1143d.com/
3D 打印商情网 http://3d.laserfair.com/
3D 打印联盟 http://3dp.uggd.com/
3D 沙虫网 http://www.3dsc.com/
3D 苹果 http://www.3dapple.cn/
3D 族 http://www.3dzu.net/
3D 印坊 http://www.3dyf.com
3D 打印实践论坛 http://www.03dp.com/
3D 邦 http://www.sandbang.com/
3D 虎 http://www.3dhoo.com/
3D 工坊 http://www.3dpgf.com
3D 打印信息网 www.3dpxx.com
3D 打印机论坛 http://www.qjxxw.net/
OF WEEK 3D 打印网 http://3dprint.ofweek.com/

3D 打印时代	http://www.3dprintime.com/
3D 小蚂蚁	http://www.3dxmy.com
凌云 3D 网	http://www.lingyun3d.com/
天工社	http://maker8.com/
叁迪网	http://www.3drp.cn/
3D 丸	http://www.3done.cn/
三弟网	http://www.i3dp.com.cn/
胖 3D	http://www.palm3d.com/
嘀嗒印	http://www.didayin.com/
打印网	www.my3d.com.cn/
三达网	www.3dpmall.cn/
开源 3D	http://www.3dprinter-diy.com/
3 迪时空	http://www.3dfocus.com.cn/
纳金网	http://www.narkii.com/
微小网	http://www.vx.com/
开思网	http://3dp.icax.org/forum.php
ARE3D	http://bbs.are3d.com/
魔猴	http://www.mohou.com/
墨拼图	http://www.mopintu.com/
打印爱好者	http://www.360printed.com/
D 客学院	http://www.dkmall.com/college/
筑梦制造	http://www.mongcz.com/
云智小窝	http://bbs.3dreamwell.com/
朗恩 3D 打印	http://www.lionedu.cn/
蘑菇头社区	http://www.mogooto.com

附录 C　国内部分 3D 打印机厂家

大连索易科技	http://www.soyi3d.com
大连瑞朗科技	yese827@126.com
南京蓝蛙	http://www.frog365.com/
大连优克多维	http://www.um3d.cn/
迈睿科技	http://www.myriwell.com
景昱泓科技	http://www.jingyuhong.com
宁波智光机电	http://www.wise3dprintek.com/
沈阳盖恩科技	http://www.3dgnkj.com

深圳森工科技	http://www.soongon.com/3dp/
郑州乐彩	http://www.locor3d.com/
智垒电子科技	http://www.zl-rp.com.cn/
深圳微普三维	http://www.wepull3d.com/
西安铂力特	http://www.xa-blt.com/
深圳博美之星	http://www.bomei3d.com/
深圳熔普三维	http://www.rp3d.com.cn/
深圳中创恒业	http://www.migbot.com/
深圳云品三维	http://www.yunpin3d.com/
深圳御剑新思维	http://www.three-stl.com/
深圳博领达	http://www.bld-3d.com/
深圳克洛普斯	http://www.clopx.com/
深圳捷微立创	http://www.szjwlc.com/
深圳维示泰克	http://www.weistek.net/
深圳智诚科技	http://www.ict.com.cn/
广州电子技术	http://www.giet.ac.cn/index.asp
广州闪固电子	http://www.sg-3d.com/cn/
艺林达	http://www.yilin3d.com/
深圳普立得	http://www.3dpt.cn/
深圳工业人	http://www.gyrmodel.com/
广州迈迪	http://www.dimai3d.com/
深圳武腾科技	http://www.mootooh3d.com/
广东奥基德信机电	http://www.oggi3d.com/
珠海创智科技	http://www.makerwit.com/
深圳优锐科技	http://inkking.1688.com/
珠海西通电子	http://www.ctc4color.com/
极光尔沃	http://3dw.zgew3d.com/a/chanpin/
Qubea 欧比雅	http://www.qubea.com/
东莞亿维晟	http://www.evstech.com.cn/
深圳润瑞之彩	http://www.printer-uv.com/
广州 D 维家族	http://www.dwei3d.com/cn/index.php
中山盈普光电	http://www.trumpsystem.com/
广州文博	http://www.winbo-tech.com/cn/
杭州捷诺飞生物科技	http://www.regenovo.com/
宁波浩文科技	http://www.2014haowen.com/
绍兴迅实电子	http://www.xun-shi.com/cn/index.php

阿霍特 AMPHOT	http://www.amphot.com.cn/
都易得电子	http://www.doit.ac.cn/Doit/
宁波华狮智能	http://www.robot4s.com/cn/index.php
杭州聚康汽配	http://www.jkqp3d.com/
杭州喜马拉雅	http://www.zj-himalaya.com/
瑞安市启迪科技	http://www.qd3dprinter.com/index.php
台州魔萃电子	http://www.imocui.com/
台州制造中心	http://www.taizhou3d.cn/
杭州杉帝科技	http://www.miracles3d.com/
泰博科技	http://www.nbtbkj.com/
金华易立创	http://www.ecubmaker.com/
杭州铭展	http://www.magicfirm.com/
温州浩维	http://www.haowei3d.com/
闪铸科技	http://www.sz3dp.com/
杭州先临三维	http://www.shining3d.cn/
彩猫科技	http://www.jiandanhuo.com/index.html
创立德	http://www.china3dprinter.cn/
金华万豪	http://www.wanhao3dprinter.com/
义乌市筑真电子	http://www.real-maker.com/
乐清凯宁	http://www.china3dprinter.cn/
宁波福莱德	http://fld-tech.com/
上海米家	http://www.megadata3d.com/
上海蓝越	http://www.lanyue3d.com/
上海盈创	http://www.yhbm.com/
上海光韵达	http://www.sunshine3dp.com/
上海福斐科技	http://www.techforever.com/
上海智位机器人	http://www.dreammaker.cc/
上海富奇凡机电	http://www.fochif.com/
上海复翔	http://www.shfusiontech.com/
上海铸悦	http://www.3djoy.cn/
上海悦瑞电子	http://www.ureal.cn/
上海钛凡科技	http://www.shtitantech.com/index.html
上海联泰科技	http://www.union-tek.com/
三的部落	http://www.3dpro.com.cn
智垒电子科技	http://www.zl-rp.com.cn/
浔易数控科技	http://www.xunyikj.com/

福建海源三维	http://www.haiyuan3d.com/
层光科技	http://www.cg2014.com/portal.php
儒苑正创	http://www.3dlinyi.com/index.jsp
青岛金石塞岛	http://www.idream3d.com.cn/
青岛飞鱼	http://www.feiyuchina.cn/
青岛尤尼科技	http://www.anyprint.com/
青岛瑞洋达成	http://www.rydc3d.com/index.aspx
北京汇天威	http://www.hori3d.com/
北京乐创	http://thu3d.com/
北京 AOD	http://www.aod3d.com/
北京北方恒利	http://www.hlzz.com/
北京隆源	http://www.lyafs.com.cn/
北京三角洲	http://www.pp3dp.com/
北京威控睿博	http://www.ucrobotics.com/
北京太尔时代	http://www.tiertime.com/
北京恒尚科技	http://www.husun.com.cn/
北京瑞科达	http://www.chinafdm.com/
云上动力	http://www.yundl.com.cn/index.asp
武汉巧意科技	http://www.qiaoyi3d.com/
武汉迪万	http://www.whdiwan.com/
湖北嘉一科技	http://www.3djoye.com/
武汉滨湖机电	http://www.binhurp.com/
湖南华曙高科	http://www.farsoon.com/
岳阳巅峰	http://www.df3dp.com/
河南良益	http://www.zzliangyi.com/
河南速维	http://www.creatbot.com
河南显彩	http://www.xiancaidianzi.com/
合肥沃工	http://www.hfwego.com/
河南仕必得	http://www.suwit3d.com/
三纬(苏州)立体	http://cn.xyzprinting.com/
威森三维	http://www.weisen3d.com/
点构三维	http://dgo3d.taobao.com/
成都思维智造	http://www.i-make3d.com/portal.php
成都先知叁维	http://fs-gz.com/
西安非凡士	http://www.elite-robot.com/
陕西恒通智能	http://www.china-rpm.com/

中瑞科技   http://www.zero-tek.com/cn/index.html
临界四维   http://www.rprert.cn/
磐纹科技   http://panowin.com/
传想三维   http://www.trusthing.com/
迈济智能   http://www.imagine3d.asia/
南通优睿   http://www.youruixx.com/
南京宝岩自动化   http://www.by3dp.cn/
南京紫金立德   http://www.zijinlead.com/
台湾研能   http://www.microjet.com.tw/
台湾普立得   http://www.3dprinting.com.tw/
台湾方础光电   http://www.3dq.com.tw/

附录 D　3D 打印机常见故障排除和维护

一. 常见故障排除

1. 3D 打印机通电机器无反应，电源灯不亮。

排除方法：检查电源和电路板之间的连线，观察是否出现接触不良的情况。

2. 3D 打印机打印过程中不出丝

排除方法：观察打印中是否出现了打印材料卡住的情况，或者打印材料互相缠住。检查挤出齿轮是否有打滑的情况，出现此种情况把打印材料拔出，剪掉出现打滑的部分材料。如果仍然不出丝，查看挤出头是否出现了堵头的现象。如果出现挤出头堵头的情况，使用相应的清理钻头清理打印头。

3. 温度异常

排除方法：检查加热棒、加热电阻的引线有没有接触不良的问题，或者更换一个加热棒进行尝试

4. 打印过程中出现丢步现象

可能由以下因素造成：①打印速度过快（适当降低 X、Y 电动机速度）；②电动机电流过大，导致电动机温度过高；③传送带过松或太紧；④电流过小。如果是因为电流过大或者电流过小引起，可以改变电流大小进行修改。

5. 打印件错位现象

排除方法：查看 3D 打印件错位发生的方向，查看是否电线长度过短使得步进电动机不能运动到指定位置。检查错位发生方向打印机运动是否吃力，可以上些润滑油减小摩擦力；如果还未改善，可以稍微提高步进电动机的驱动电流增大输出转矩。

6. 打印机开始打印时无法回到原点位置

排除方法：使用万用表测量各限位开关的接线，检查是否出现接触不良的情况。

7. 打印机在打印过程中无故中断

排除方法：检查电源线，使用万用表测量是否出现了接触不良的情况。计算 3D 打印机使用的功率和电源输出功率，判断是否电源出现功率或者温度过载的情况，出现此情况可以更换大功率电源。切片软件出现缺陷也会造成打印中断的现象，可以更新或者更换切片软件。

8. 打印机无法读取 SD 卡中的文件

排除方法：检查文件的格式、命名方法或者重新切片。检查文件是否存在损坏的情况。一些劣质 SD 卡也会造成无法读取的情况，此时更换 SD 卡。

二．打印机维护

1）定期检查润滑油的消耗情况，3D 打印机缺少润滑油会对打印机造成很大程度的磨损，影响打印精度。

2）每次使用打印机之前都需要检查限位开关的位置。查看限位开关是否有在搬动过程中限位开关位置发生变化或者使用过程中出现松动。

3）定期检查打印机框架螺钉的紧固情况，查看是否有松动现象。

4）每次使用前检查热床板和加热挤出头温度探头的位置，检查是否出现了温度探头不能测量加热床或者挤出头温度的情况。

5）定期检查传送带的松紧情况。

6）定期清理打印挤出头外面附着的打印材料。

7）打印一段时间后如果出现打印头经常堵头的情况，可以更换新的打印挤出头。

8）打印机运动过程中精度明显下降的情况下，可以更换打印机轴运动的轴承。

9）平台维护：用不掉毛的绒布加上外用酒精或者一些丙酮指甲油清洗剂将平台表面抹干净。

参 考 文 献

[1] 3D 打印技术的七大优势探析[EB/OL]. [2013-8-26]. http://www.chinairn.com/news /20130826 /101742722.html.

[2] Andreas Gebhardt. Understanding Additive Manufacturing Rapid Prototyping Rapid Tooling Rapid Manufacturing[M]. Lowa:Hanser, 2012.

[3] 全球 3D 打印技术应用领域分析[EB/OL]. [2014-1-20]. http://www.askci.com/news/201401/20 /201541635631.shtml.

[4] 王德禄. 3D 打印技术将会带来真正意义上的制造业革命[EB/OL]. [2013-01-07]. http://blog. sina.com.cn/s/blog_5f6641a80101gazv.html.

[5] 免费的 3D 建模软件全搜罗[EB/OL]. [2013-05-16]. http://www.vx.com/news/2013/1409.html.

[6] 3D 打印基础[EB/OL]. [2011-09-14]. http://blog.magicfirm.com/2011/09/3d 打印基础/.

[7] 张统，宋闯. 3D 打印机轻松 DIY[M]. 北京：机械工业出版社，2015.

[8] 家用 Orbit 1 电镀机为您的 3D 打印作品镀金[EB/OL]. [2015-04-22]. http://info.pf.hc360. com /2015/04/220905498404.shtml.